U0243129

编委会

主　编

俞汉青

编　委

（以姓氏拼音排序）

陈洁洁　刘　畅　刘武军

刘贤伟　卢　姝　吕振婷

裴丹妮　盛国平　孙　敏

汪雯岚　王楚亚　王龙飞

王维康　王允坤　徐　娟

俞汉青　虞盛松　院士杰

翟林峰　张爱勇　张　锋

"十四五"国家重点出版物出版规划重大工程

胞外呼吸细菌与纳米材料间的电子传递机理与污染控制应用

Electrons Transfer from Extracellular Respiratory Bacteria
to Nanomaterials: Mechanism Elucidation and
Pollution Control Application

院士杰 著

中国科学技术大学出版社

内 容 简 介

胞外呼吸细菌的电子传递过程在污染控制、环境修复、生物地球化学和能源转换等领域具有重要意义,功能纳米材料则是目前光电催化污染控制领域的主要研究内容之一。本书较全面地讨论了近年来胞外呼吸细菌与纳米材料间的电子传递机理与应用方面的研究进展,涉及胞外呼吸细菌的快速高通量表征和筛选、微生物燃料电池促进光电催化污染物降解和光电催化硝化反硝化等方面的重要研究方向和成果介绍,并尽可能涵盖了胞外呼吸细菌、电致变色纳米材料和光电催化纳米材料的基础知识,对于充分认识胞外呼吸细菌与纳米材料间的电子传递过程并拓展其在环境保护、能源利用和污染控制等领域中的应用,具有重要的理论意义和实用价值。

图书在版编目(CIP)数据

胞外呼吸细菌与纳米材料间的电子传递机理与污染控制应用/院士杰著.—合肥:中国科学技术大学出版社,2022.3
(污染控制理论与应用前沿丛书/俞汉青主编)
国家出版基金项目
"十四五"国家重点出版物出版规划重大工程
ISBN 978-7-312-05389-4

Ⅰ.胞⋯ Ⅱ.院⋯ Ⅲ.①光催化—应用—污染控制 ②电催化—应用—污染控制 Ⅳ.X32

中国版本图书馆 CIP 数据核字(2022)第 029819 号

胞外呼吸细菌与纳米材料间的电子传递机理与污染控制应用
BAO WAI HUXI XIJUN YU NAMI CAILIAO JIAN DE DIANZI CHUANDI JILI YU
WURAN KONGZHI YINGYONG

出版	中国科学技术大学出版社
	安徽省合肥市金寨路 96 号,230026
	http://www.press.ustc.edu.cn
	https://zgkxjsdxcbs.tmall.com
印刷	安徽联众印刷有限公司
发行	中国科学技术大学出版社
开本	787 mm×1092 mm 1/16
印张	8.5
字数	162 千
版次	2022 年 3 月第 1 版
印次	2022 年 3 月第 1 次印刷
定价	50.00 元

总　序

建设生态文明是关系人民福祉、关乎民族未来的长远大计,在党的十八大以来被提升到突出的战略地位。2017 年 10 月,党的十九大报告明确提出"污染防治"是生态文明建设的重要战略部署,是我国决胜全面建成小康社会的三大攻坚战之一。2018 年,国务院政府工作报告进一步强调要打好"污染防治攻坚战",确保生态环境质量总体改善。这都显示出党和国家推动我国生态环境保护水平同全面建成小康社会目标相适应的决心。

当前,我国环境污染状况有所缓解,但总体形势仍然严峻,已严重制约了我国经济社会的持续健康发展。发展以资源回收利用为导向的污染控制新理论与新技术,是进一步推动污染物高效、低成本、稳定去除的发展方向,已成为国家重大战略需求和国际重要学术前沿。

为了配合国家对生态文明建设、"污染防治攻坚战"的一系列重大布局,抢占污染控制领域国际学术前沿制高点,加快传播与普及生态环境污染控制的前沿科学研究成果,促进相关领域人才培养,推动科技进步及成果转化,我们组织一批来自多个"双一流"大学、活跃在我国环境科学与工程前沿领域、有影响力的科学家共同撰写"污染控制理论与应用前沿丛书"。

本丛书是作者团队承担的国家重大重点科研项目(国家重大科技专项、国家 863 计划、国家自然科学基金)和获得的重大科技成果奖励(2014 年国家自然科学奖二等奖、2020 年国家科学技术进步奖二等奖)的系统总结,是作者团队攻读博士学位期间取得的重要的前沿学术成果(全国百篇优秀博士论文、中国科学院优秀博士论文等)的系统凝练,是一套系统反映污染控制基础科学理论与前沿高新技术研究成果的系列图书。本丛书围绕我国环境领域的污染物生化控制、转化机制、无害化处置、资源回收利用等亟须解决的一些重大科学问题与技术问题,将物理学、化学、生物学、材料学等学科的最新理论成果以及前沿高新技术应用到污染控制过程中,总结了我国目前在污染控制领域(特别是废水和固废领域)的重要研究进展,探索、建立并发展了常温空气阴极燃料电池、纳米材料、新兴生物电化学系统、新型膜生物反应器、水体污染物的化学及生物转化,以及固体废弃物污染控制与清洁转化等方面的前沿理论与技术,形成了具有广阔应用前景的新理论和新方法,为污染控制与治理提供了理论基础和科学依据。

"污染控制理论与应用前沿丛书"是服务国家重大战略需求、推动生态文明建设、打赢"污染防治攻坚战"的一套丛书。其出版将有利于促进最前沿的科研成果得到及时的传播和应用,有利于促进污染治理人才和高水平创新团队的培养,有利于推动我国环境污染控制和治理相关领域的发展和国际竞争力的提升;同时为环境污染控制与治理实践提供新思路、新技术、新材料,也可以为政府环境决策、强化环境管理、履行国际环境公约等提供科学依据和技术支撑,在保障生态环境安全、实施生态文明建设、打赢"污染防治攻坚战"中起到不可替代的作用。

编委会

2021 年 10 月

前　言

胞外呼吸细菌是一类能通过呼吸链把代谢过程中产生的电子转移给胞外固体电子受体的细菌。它的电子传递过程在生物地球化学、环境保护、污染控制和能源利用等领域均具有重要意义。功能纳米材料由于其独特的微观结构和对外加刺激（光、电等）的特殊响应，是目前光电催化、污染控制和功能材料等领域研究的主要对象之一。

本书概述了胞外呼吸细菌研究的基本内容，包括胞外呼吸细菌的定义、来源、特征、电子传递机制和表征分离方法；简单介绍了电致变色纳米材料和光电催化纳米材料的特点；以模式菌株 *Shewanella oneidensis* MR-1 及其基因改造菌株、*Geobacter sulfurreducens* 以及 *Pelobacter carbinolicus*（DSMZ 2380）为代表，系统分析了胞外呼吸细菌与电致变色纳米材料三氧化钨（WO_3）间的电子传递机理，基于此界面的电子传递过程建立了一种快速、方便、廉价、高通量的胞外呼吸细菌表征和纯种分离方法，使得判定细菌胞外电子传递活性强弱的时间从5～6天缩短到 5 min，大大降低了此过程的成本，同时实现了胞外呼吸细菌的快速高通量筛选，这对胞外呼吸细菌的识别和研究具有重要意义。

为了有效地原位利用胞外呼吸细菌代谢过程中传递的胞外电子，以胞外呼吸细菌为阳极生物催化剂构建了微生物燃料电池，并将其所产生的电子和电能作用于光电催化纳米材料以促进有机污染物的光电催化降解，通过研究对硝基苯酚等污染物的降解过程发现，胞外呼吸细菌通过代谢作用产生的胞外电子能够有效地降低二氧化钛（TiO_2）光催化剂的光生电子和光生空穴的复合率，从而基于光、电和微生物电子传递过程的协调作用，有效地提高了污染物的催化转化效率。

光电催化过程中的催化对象和功能纳米材料的性能对胞外呼吸细菌与纳米材料间的电子传递具有较大的影响，本书研究了氮气（N_2）的光电催化固定化、金属辅助催化剂改性和电子传递协同反硝化过程,发现了目前世界上广泛利用的纳米 TiO_2 的光催化固氮现象,考察了自然条件下太阳光照度和空气湿度对氮气光固定化速率的影响,证明了氮气的光催化氧化过程是超氧自由基和羟基自由基共同作用的结果,通过胞外呼吸细菌提供胞外电子并施加偏压和金属辅助催化剂改性,提高了光催化氮气固定化及光电催化污染物降解和反硝化反应的速率。本书还分析了电子传递过程和金属辅助改性对纳米材料催化活性的促进作用,为胞外呼吸细菌与纳米材料间的电子传递过程拓展了更具实际意义的污染控制应用途径。

目 录

总序 —— i

前言 —— iii

第 1 章
绪论 —— 001

第 2 章
胞外呼吸细菌与纳米材料 —— 007

2.1 胞外呼吸细菌概述 —— 009

2.2 电致变色纳米材料简介 —— 014

2.3 光电催化技术和人工固氮过程介绍 —— 018

第 3 章
电致变色纳米材料用于胞外呼吸细菌高通量分离和表征 —— 035

3.1 电致变色纳米材料的合成与应用 —— 037

3.2 胞外呼吸细菌高通量分离和表征 —— 041

第 4 章
细菌胞外电子促进光电催化降解有机污染物 —— 057

4.1 细菌胞外电子促进污染物的设备搭建 —— 060

4.2 细菌胞外电子促进光电催化降解有机污染物的过程与机制 —— 063

第 5 章
细菌胞外电子促进光电催化氮气固定化 —— 085

5.1 细菌胞外电子促进氮气固定化的设备搭建 —— 088

5.2 细菌胞外电子促进氮气固定化的过程与机制 —— 092

第 6 章
细菌胞外电子促进光电催化反硝化 ——— **109**

6.1 细菌胞外电子促进反硝化的设备搭建 ——— 111

6.2 细菌胞外电子促进光电催化反硝化的过程与机制
——— 114

烈影

第 — I — 章

随着水污染问题的日趋严重化和多样化，传统废水生物处理技术的一些局限性也日趋明显，如对厌氧生物处理法所产生的甲烷再利用技术问题，在此过程中产生的二氧化碳（CO_2）的温室效应问题，以及对活性污泥法所产生的剩余污泥处理问题等。[1]因此，在继续研究和改进传统废水生物处理技术的同时，一些其他的高效水污染控制方法也受到广泛关注，得到了长足发展。

胞外呼吸细菌（Extracellular Respiratory Bacteria，ERB）是一类能通过呼吸链把代谢过程中产生的电子转移给胞外固体电子受体（如固体电极等）的细菌。[2]以 ERB 为阳极生物催化剂的微生物燃料电池（Microbial Fuel Cell，MFC）技术是近些年热门的废水处理工艺之一。在 MFC 中，ERB 在电池的阳极厌氧条件下，通过自身的代谢使有机物分解并释放电子和质子，并把电池的阳极作为电子受体，进而通过外电路形成电流回路。[3]这是一种将化学能直接转化为电能的装置，而 ERB 是 MFC 中的核心组成部分，它的性能和状态直接决定了 MFC 的产电效率和对底物的降解与利用效率。研究表明，ERB 也普遍具有异化金属还原能力，即可以利用金属氧化物，如铁氧化物（Fe^{3+}）、锰氧化物（Mn^{4+}）等，作为代谢作用的最终电子受体使其发生还原反应。[4]由于铁、锰在自然环境中是广泛存在的元素，而 ERB 也广泛存在于海水、海洋和湖泊沉积物、河口以及油田出水等各种环境中，所以 ERB 被认为对铁、锰等金属元素在地球上的循环有着重要的作用。因此，分离 ERB 并研究其电子传递过程在生物地球化学、环境保护、污染控制和能源利用等方面均具有重要的意义。[5]

无机纳米材料，由于其独特的微观结构使得其性质相对于该物质在整体状态下具有很大的变化，尤其是其在有外加刺激（光、电等）情况下的特殊响应使其成为目前备受瞩目的研究热点。伴随着纳米材料制备和应用技术的不断发展，纳米材料对水环境的影响和在污染控制方面的应用也成为人们关注的热点，其中尤以纳米传感技术和能够产生光生电子和光生空穴的光催化纳米材料为甚。由于物质在纳米尺寸时性质的独特性，很多纳米材料如二氧化锆（ZrO_2）、二氧化钛（TiO_2）、三氧化钨（WO_3）等，对温度变化、汽车尾气和电子获得都十分敏感，此类纳米材料对外界变化的响应也较一般材料的灵敏度高很多，因此它们可以用来制作相应的传感器。以纳米材料 WO_3 为例，它能在外加电场作用下可逆地生成钨青铜，颜色由白色变为蓝色，这种现象被称为电致变色。[6]而以纳米 WO_3 为功能材料的电致变色器件目前已经产业化，以此原理制备的电致变色智能玻璃在节能和解决光污染问题等方面受到了广泛认可。新型的纳米材料传感器的开发以及对其用途的拓展也成为研究热点。

基于 WO_3 等电致变色纳米材料的可视化检测方法，由于其快速、高效、简便、易操作等特性已被广泛用于多个领域。[6]电致变色无机纳米材料能够在施加外加电压时,其颜色发生变化。六角相的 WO_3 纳米材料能够在外加电压情况下,快速灵敏地形成蓝色钨青铜 M_xWO_3($M=H$,Li,Na 和 K 等),且 WO_3 纳米材料具有很好的生物相容性。[6]因此,我们期待 WO_3 纳米材料能够作为一种高效的通过接受电子探针来接受 ERB 的胞外传递电子,从而用来筛选和表征 ERB。

从光电催化还原水产氢现象(Honda-Fujishima Effect)被发现以来,半导体光催化无机纳米材料在污染控制方面广受关注。[7]这类纳米材料在光的照射下会产生具有氧化性和还原性的光生空穴和光生电子,能够把有机污染物彻底矿化降解为 CO_2 和水等,尤其对控制和消解一些难以通过生物降解的污染物具有优势。TiO_2 是最早被发现的具有光催化性能的无机半导体光催化剂,其在紫外光下卓越的性能,是目前半导体纳米材料领域最受关注的对象之一。[8]

TiO_2 光催化氧化技术因其无毒、廉价和高活性的特点近年来成为环境领域的热点,是一种具有重要应用前景的污染控制技术。[9-10]在水相反应体系中,TiO_2 在光激发下发生电子跃迁,产生具有还原性的"光生电子"和具有强氧化性的"光生空穴",并与外界的不同组分发生氧化或还原反应,即光催化过程。但是TiO_2 在光激发下发生电子跃迁所产生的光生电子和光生空穴能够快速再复合,从而限制了后续催化氧化反应的进行,降低了 TiO_2 光催化的量子效率,这是光催化技术实际应用的限制因素。一般认为锐钛矿和金红石晶型 TiO_2 具有光催化性能,它们的禁带宽度分别是 $3.2\ eV$ 和 $3.0\ eV$,对应的光激发阈值分别是387 nm 和 413 nm,均位于紫外区,即 TiO_2 基本对可见光没有响应,从而无法实现对太阳能的有效转化和利用,这也是阻碍 TiO_2 光催化剂广泛应用的一个重要因素。[11-12]目前,关于 TiO_2 光催化的研究主要集中于如何有效地抑制光生空穴和光生电子的再复合,以提高光催化效率和提高催化剂在可见光区域的响应,进而有效地利用太阳光能等方面。[13-14]

研究发现在对 TiO_2 薄膜覆盖的电极施加阳极偏压时,即使在很小的外加偏压下($<1\ V$)也能得到很高的光电催化效率,但是此反应需要消耗一定的电能则成为其应用的限制因素。[9-10]以 ERB 为阳极生物催化剂的 MFC 能够提供光电催化反应所需的这一偏压,因此,我们期待把 ERB 所产生的胞外电子通过外电路间接传递给 TiO_2 光催化剂,以促进其光生电子和光生空穴的分离,并通过比较以 MFC 为电源的光电催化反应降解速率与单纯的电催化和光催化反应降解速率,探索此过程中的电子传递机制和污染控制应用。

以 ERB 与纳米材料间直接和间接的电子传递为核心,结合微生物学、电化学、光电催化化学和分析化学等多种研究手段,针对 ERB 与 WO₃ 纳米颗粒间的直接界面电子传递机理,研究人员进行了深入探索,并对 ERB 与 TiO₂ 之间通过外电路的间接电子传递进行了系统研究。这些研究工作对于充分认识 ERB 在地球化学和环境修复中的重要作用,拓展其电子传递的新用途,提高污染控制的效率,有着重要的应用价值。

本书围绕 ERB 与 WO₃ 纳米颗粒间的直接界面电子传递及应用和 ERB 与 TiO₂ 之间通过电路的间接电子传递及应用两个主题,对在 ERB 与无机纳米材料之间的电子传递机理及污染控制应用途径进行了深入的阐述。本书的第 2 章全面介绍了 ERB 与纳米材料在污染控制方面的发展现状,同时介绍了电致变色纳米材料和光电催化纳米材料的原理和应用。第 3 章详细介绍了电致变色纳米材料用于胞外呼吸细菌快速高通量分离和表征方面的应用,其中包括细菌与 WO₃ 纳米材料间的电子传递机理解析。第 4 章重点介绍了细菌胞外电子促进光电催化降解有机污染物的过程,其中包括对模式污染物对硝基苯酚的降解机理分析。第 5 章详细介绍了细菌胞外电子促进光电催化氮气固定化应用,并详细讨论了氮气光催化固定化的作用原理和意义。第 6 章着重介绍了细菌胞外电子促进光电催化反硝化应用,并具体讨论了细菌胞外电子作为外加电子源的作用和原理。

参考文献

[1] 高廷耀,顾国维,周琪. 水污染控制工程[M]. 4 版. 北京:高等教育出版社,2015.

[2] Santoro C,Arbizzani C,Erable B,et al. Microbial fuel cells:from fundamentals to applications:a review [J]. Journal of Power Sources,2017(356):225-244.

[3] Gao Y,Mohammadifar M,Choi S. From microbial fuel cells to biobatteries:moving toward on-demand micropower generation for small-scale single-use applications [J]. Advanced Materials Technologies,2019(4):1900079.

[4] Bagchi S,Behera M. Assessment of heavy metal removal in different bioelectrochemical systems:a review [J]. Journal of Hazardous Toxic and Radioactive Waste,2020(24):04020010.

[5] Gildemyn S,Rozendal R A,Rabaey K. A gibbs free energy-based assessment of microbial electrocatalysis [J]. Trends in Biotechnology,2017(35):

393-406.

[6] Yun T G, Park M, Kim D H, et al. All-transparent stretchable electrochromic super-capacitor wearable patch device[J]. ACS Nano, 2019(13): 3141-3150.

[7] Meng A Y, Zhang L Y, Cheng B, et al. Dual cocatalysts in TiO_2 photocatalysis [J]. Advanced Materials, 2019(31): 1807660.

[8] Kurnaravel V, Mathew S, Bartlett J, et al. Photocatalytic hydrogen production using metal doped TiO_2: a review of recent advances [J]. Applied Catalysis B: Environmental, 2019(244): 1021-1064.

[9] Lin Z Q, Yuan S J, Li W W, et al. Denitrification in an integrated bioelectro-photocatalytic system[J]. Water Research, 2017(109): 88-93.

[10] Zhao Y X, Zhao Y F, Shi R, et al. Tuning oxygen vacancies in ultrathin TiO_2 nanosheets to boost photocatalytic nitrogen fixation up to 700 nm [J]. Advanced Materials, 2019(31): 1806482.

[11] Hong W, Zhou Y, Lv C, et al. NiO quantum dot modified TiO_2 toward robust hydrogen production performance [J]. ACS Sustainable Chemistry & Engineering, 2018(6): 889-896.

[12] Feng F, Li C, Jian J, et al. Boosting hematite photoelectrochemical water splitting by decoration of TiO_2 at the grain boundaries [J]. Chemical Engineering Journal, 2019(368): 959-967.

[13] Hisatomi T, Domen K. Reaction systems for solar hydrogen production via water splitting with particulate semiconductor photocatalysts [J]. Nature Catalysis, 2019(2): 387-399.

[14] Cai J, Shen J, Zhang X, et al. Hydrogen production: light-driven sustainable hydrogen production utilizing TiO_2 nanostructures: a review [J]. Small Method, 2019(3): 1800053.

第 — 2 — 章

胞外呼吸细菌与纳米材料

ERB 是 MFC 的核心组分,起着阳极生物催化剂的作用,它的性能和状态直接决定了 MFC 的底物处理效果和产电效率。[1-2]ERB 普遍具有异化金属还原能力,且广泛存在于海水、海洋和湖泊沉积物、河口以及油田出水等各种环境中。ERB 被认为对铁、锰等金属元素在地球上的循环有着重要的作用。[3-4]因此,分离 ERB 以及研究其电子传递过程在生物地球化学、环境保护、污染控制以及能源利用等方面均具有重要意义。

从光电催化分解水现象被发现以来,半导体光催化材料在水污染治理方面广受关注。这类纳米材料在光的照射下产生的光生空穴和光生电子,能够把大部分有机污染物彻底降解为二氧化碳和水等,尤其对降解一些具有生物毒性的污染物具有优势。[5-6]如何有效地抑制光生空穴和光生电子再复合,以提高光催化效率,是目前光催化研究的主要问题。目前随着工农业的发展,硝酸盐和氮氧化物引发的环境问题也日趋严重。对于这些污染来源的充分认识和对已存在污染地区的治理是解决问题的关键。[7-8]

本章以 ERB 与纳米材料间直接和间接的电子传递为核心,结合微生物学、电化学、光电催化化学和分析化学等多种研究手段,针对 ERB 与 WO$_3$纳米颗粒间的直接界面电子传递机理进行深入探索,并对 ERB 与 TiO$_2$之间通过外电路的间接电子传递进行系统研究。这些研究工作对于充分认识 ERB 在地球化学和环境中的重要作用,拓展其电子传递的新用途,提高污染控制的效率,有着重要的应用价值。

2.1

胞外呼吸细菌概述

2.1.1

胞外呼吸细菌的定义和电子传递机制

ERB 是一类能通过呼吸链把代谢过程中产生的电子直接转移给胞外固体

▷ 第2章

电子受体的细菌。[9]目前,关于 ERB 与胞外固体电子受体之间的电子传递机制有三种可能的方式:直接接触传递、电子穿梭传递和导电鞭毛传递(图2.1)。[10]

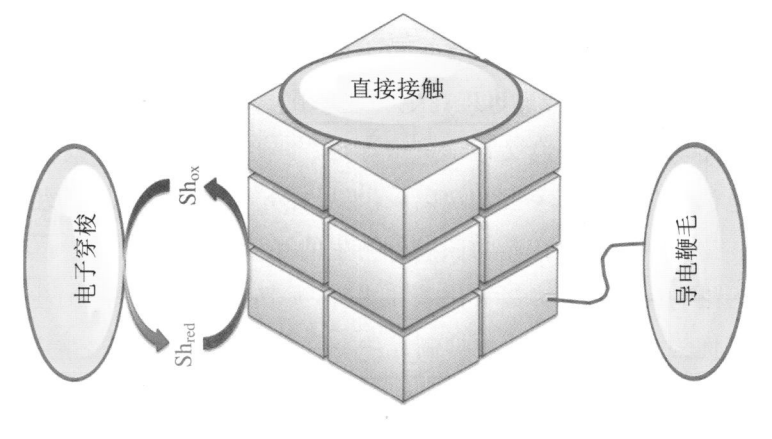

图 2.1　ERB 电子传递方式示意图

直接接触传递是指 ERB 和胞外固体电子受体通过直接接触进行电子传递的过程。该过程是通过细菌的一些外膜细胞色素与胞外电子受体表面直接接触,从而将代谢作用产生的电子传递出来而实现的,因此需要细菌和胞外固体电子受体之间进行直接接触,而外膜细胞色素在这一过程中起着决定性作用。[11-12]电子穿梭传递是指一些细菌可以利用特定的可溶性电子穿梭体将代谢产生的电子传递给胞外固体电子受体的过程。电子穿梭体是一类氧化还原介质,能从细菌表面携带电子,然后通过扩散作用到达胞外固体电子受体表面并把电子传递过去,之后处于氧化态的这类物质能继续从 ERB 表面接受电子重复进行上述电子传递过程。目前已知的电子穿梭体有黑色素、吩嗪、核黄素和醌类物质等。[13-15]一些细菌可以通过自身代谢作用分泌电子穿梭体,如 *Shewanella onei-densis* MR-1 分泌的核黄素被认为能作为胞外电子穿梭体起到传递电子的作用。[16]另一方面,研究表明,一些细菌如 *Shewanella oneidensis* MR-1 和 *Geobacter sulfurreducens* 等表面的纳米级鞭毛具有导电性,即这些导电鞭毛有可能在细菌胞外电子传递过程中在菌体和胞外电子受体之间起到导线的作用。[17-18]但是,目前对于这些胞外电子传递机理各自发挥作用的条件以及相对的比例还缺少一个统一的认识,通常被认为很可能是这些机制共同作用的结果。[10]

Shewanella oneidensis MR-1 是一株异化金属还原细菌,由于其代谢的多样性、基因序列分析的完整性和突变菌株的全面性,被作为一种模式菌株来研究,同时它也是一株备受关注的 ERB。作为模式菌株,对 *Shewanella oneidensis* MR-1 的胞外电子传递机制研究具有广谱性和重要的指导意义。关于

Shewanella oneidensis MR-1 直接接触导电、主动分泌核黄素类物质到胞外以及其菌体表面纳米线的导电性均有报道。[13,16-19] 通过对 *Shewanella oneidensis* MR-1 及其基因突变菌株胞外电子传递能力的研究表明，在已有的 36 株基因突变菌株中，只有 5 种相应细胞色素的突变菌株具有很差的胞外电子传递能力（小于野生菌能力的 20%），这 5 种细胞色素分别是 *cymA*、复合 *omcA*、*mtrC*、*mtrA* 和 *mtrB*。这 5 种细胞色素被认为与 *Shewanella oneidensis* MR-1 的胞外电子传递直接相关。[19]

2.1.2

胞外呼吸细菌在环境中的作用

对 ERB 的研究要追溯到对异化金属还原细菌的发现。异化金属还原细菌是一类能把金属氧化物（如铁、锰氧化物）作为代谢作用的最终电子受体的细菌。从海洋中分离到的铁还原细菌 *Alteromonas putrefaciens strain* 200[20]、从河底沉积物中得到的铁锰还原细菌 *Geobacter metallireducens* GS-15[21] 和从 Oneida 湖泥中分离得到的锰氧化物还原细菌 *Alteromonas putrefaciens* MR-1[22]，是较早被发现的 3 株异化金属还原细菌，它们的发现以及能实现这种新的微生物代谢途径的发现引起了广泛关注，并揭开了关于异化金属还原细菌和 ERB 研究热潮的序幕。如果异化金属还原细菌也能够把固体电极等作为电子受体的话，它们就可以用以从生物质中回收电能，这类细菌也可以称为 ERB。最初的 ERB 都是以异化金属还原的方法从各种环境中分离得到的。[23-24] 这些细菌，尤其是以铁锰氧化物为电子受体的铁锰还原细菌，如 *Shewanella oneidensis*、*Geobacter metallireducens* 等[21-22]，被认为对地球上铁、锰等元素的循环有着重要作用。此类细菌很多也能以重金属污染物作为电子受体。*Geobacter* 细菌属能在厌氧环境下把放射性的六价铀还原成四价使其以 UO_2 的状态得以固定，从而实现放射性铀污染的控制。近些年也不断有报道此类细菌对铬、钴、钒、锝等重金属的还原，故可以用来实现受放射性污染或者有毒重金属污染区域的生物修复。[25-26]

同时，由于这些细菌在还原铁、锰氧化物的同时需要氧化有机物，故也同时影响了生物地球化学中 C、O、S 等元素的循环。而相当一部分细菌还能够催化有机污染物进行降解，从而实现对有机污染物的生物修复。如 *Shewanella* 细菌能在以三价铁为电子受体的情况下，有效地降解偶氮类燃料和蒽醌等。[25] 而 *Geobacter* 细菌能在厌氧条件下实现对芳香族化合物（如苯、酚、甲苯、萘）的有

▷ 第2章

效降解。[27]

MFC 是一种以 ERB 为阳极生物催化剂,使其在厌氧阳极室内氧化底物产生电子传递给阳极(碳电极等),然后通过外电路传导至阴极,在催化剂作用下与氧气、质子等发生反应,从而形成电流的装置。[28]其作用原理如图 2.2 所示。

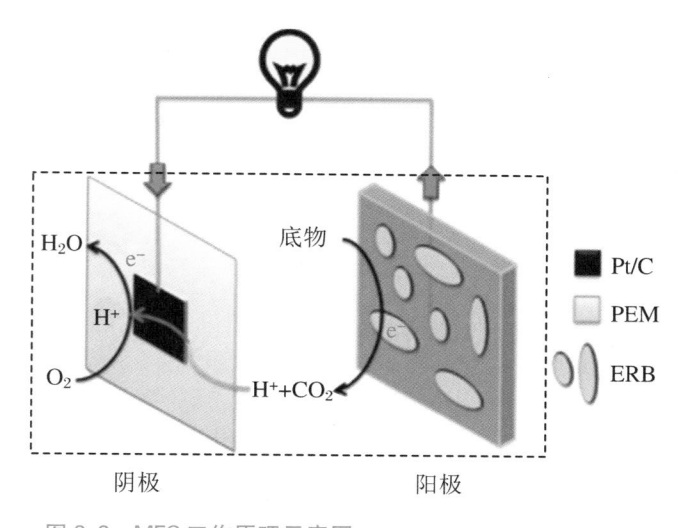

图 2.2　MFC 工作原理示意图

在 MFC 中,阳极中有机底物的化学能被微生物催化直接转化为电能,在污染物底物降解的同时实现了能量的直接转化利用,节约了处理成本并提高了利用效率,因而这种方法普遍被认为是一种废水处理的新方法,这也是 ERB 的重要应用之一。因此,对于 ERB 和电极间的电子传递机理的研究以及更优性能的 ERB 的分离,是 MFC 研究工作的基础和重点。[23]

2.1.3

胞外呼吸细菌电化学活性的表征方法

从 MFC 的工作原理示意图(图 2.2)中不难看出,ERB 的性能和状态是决定 MFC 中底物降解速率和产电效率(即污染物去除速率和能源资源化效率)的重要因素。因此,MFC 的产电性能也被用来直接表征 ERB 的胞外电子转移能力。

但是,目前关于 MFC 的构建和运行尚无统一的标准,各个研究组构建的MFC 的形状、大小更是五花八门(图 2.3)。传统的"H"型设计是采用质子交换膜将阳极室、阴极室分离开的方法,这种形状的 MFC 其产电性能取决于阴、阳极的材料以及质子交换膜的性能面积等因素[28]；基于贵金属催化剂空气阴极能得到较高的功率密度，而为了节约成本、提高效率，不断有新构型的 MFC 被报道，如上流式、平板式、堆叠平板式以及无膜 MFC 等；大到中式（Yatala，Queensland，Australia）、小到微型的 MFC 也均有报道[29-34]。

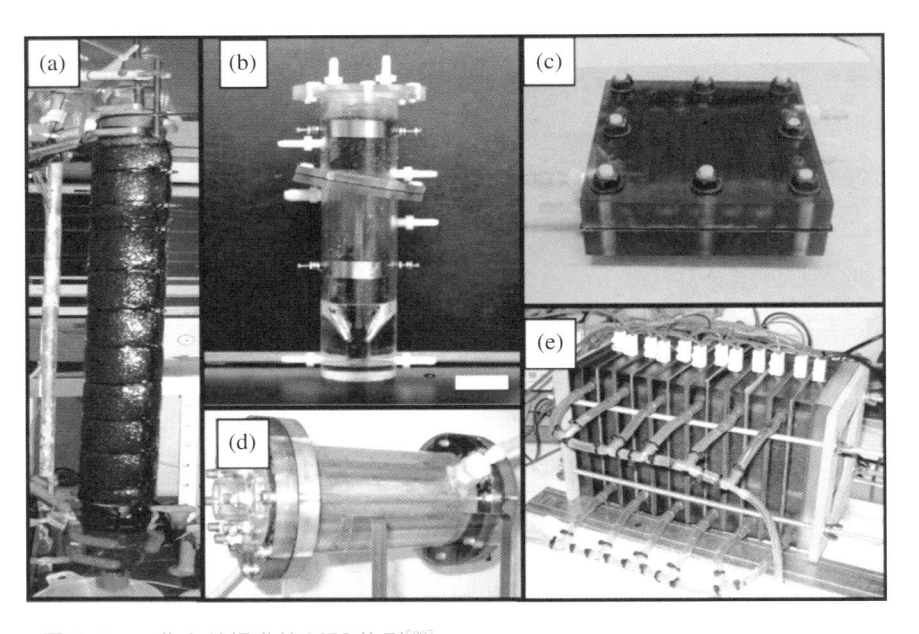

图 2.3　一些文献报道的 MFC 构型[28]

在 MFC 运行过程中，运行温度、pH 和离子强度、电极材料和面积、电路负载以及阴极和质子交换膜效率等都会直接或者间接地影响 MFC 的运行效果，也会影响阳极 ERB 的代谢活动。虽然目前也有一些统一的参数来表征 MFC 的性能，如电流密度、功率密度、库仑效率等，但是这些都只能局限于某一个研究组内部的对比，很难通过 MFC 来统一地表征 ERB 的胞外呼吸性能。[28]

2.1.4

纯种胞外呼吸细菌的分离方法

对 ERB 和电极间的电子传递机理的研究以及掌握更优性能的 ERB 的分离，是 MFC 研究工作的基础和重点。因此，关于纯种 ERB 分离方法的研究是 MFC 以及微生物学研究的热点问题。

由于最早发现的 ERB 都是异化金属还原细菌，因此早期的 ERB 分离方法大部分是采用异化金属来检测环境样品或者 MFC 阳极富集样品的方法，如采用石墨电极从波士顿海港富集了一批微生物后,用还原三价铁检测法分离得到了 *Desulfuromonas acetoxidans*。[29]随着研究的深入,不断有迹象表明,微生物向不溶金属氧化物和碳电极之间的电子传递机制并不完全相同。通过对 *Shewanella oneidensis* MR-1 及其基因突变菌株的异化金属能力和胞外电子传递能力的研究表明,它们是通过不同的途径来实现的。[19]*Pelobacter carbinolicus* 这种异化金属还原细菌被发现能够还原三价铁,但是在 MFC 中却几乎无法产生电流。[35]因此,异化金属还原细菌和 ERB 之间并不等同。[23]而且关于金属异化后的定量问题也需要复杂的处理过程和多次的重复才能得到准确的结果。[36]

近几年,基于 MFC 的 ERB 分离表征方法不断出现。如直接以 MFC 为检测手段从富集的电池阳极分离得到了 *Arcobacter butzleri*,但这需要消耗相当长的时间以及大量人力、物力才能达到。[37]采用逐级稀释加 U 形管 MFC 的方法分离得到了 *Ochrobactrum anthropi* YZ-1[38];用于快速表征细菌的胞外电子转移能力的管式 MFC 阵列也被发明,且被证实具备用于分离纯化 ERB 的潜力[23];微型 MFC 阵列也被研发出来用于分离得到一批 ERB[34]。上述方法均是以 ERB 的胞外电子传递能力为基础的。但这些方法,不论是普通 MFC、U 形管 MFC、管式 MFC 阵列还是微型 MFC 阵列,都需要专门的设备、相应的专门操作人员以及较长的实验周期(大于 5 天)才能实现,从而限制了它们的发展和普及。因此,研发快速、方便、廉价、高效的 ERB 高通量表征筛选方法是十分必要的。

2.2

电致变色纳米材料简介

2.2.1

电致变色的原理

电致变色材料(Electrochromic Material)是指在外加电压下能够可逆地改

变其光学性质(反射率、透过率、吸收率)的一类材料,而这种现象被称为电致变色现象,最早由 Deb 发现,其原理如图 2.4 所示。[39]

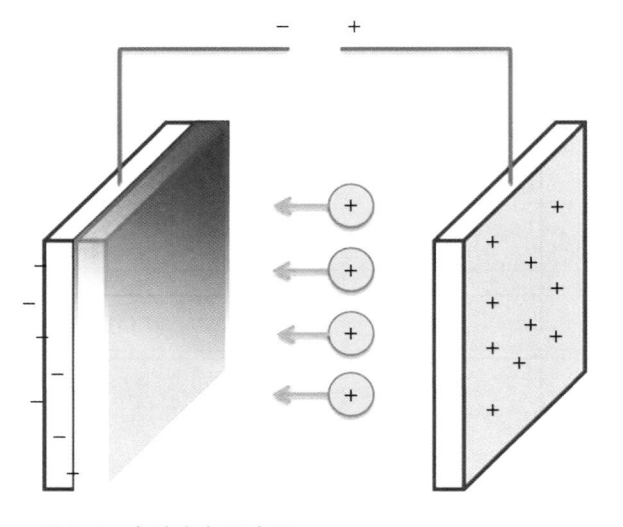

图 2.4　电致变色示意图

　　带有电致变色材料的电极置于含有碱金属离子或者氢离子的电解液中,当有外加电压施加时,材料的光学性质就会发生变化(颜色变化较为常见);而当施加电压的方向发生变化时,材料的颜色则会恢复,即这种变色现象是可逆的,这种现象的响应时间通常以秒为数量级。[39]鉴于以上性能,电致变色材料被广泛地应用于智能玻璃、显示器以及自动防眩目后视镜。[40]

　　电致变色材料主要分为无机和有机两类。无机电致变色材料以过渡金属氧化物为主,主要的无机电致变色材料以及它们的性质如表 2.1 所示。它们变色的机制分为通过氧化过程着色的阳极电致变色材料(如 Cr_2O_3、MnO_2、FeO_2、IrO_2 等)和通过还原过程着色的阴极电致变色材料(如 Nb_2O_5、MoO_3、Ta_2O_5、WO_3 等)。把这些金属元素标在元素周期表,会发现它们的位置相邻且阴、阳极变色材料泾渭分明,故此可以初步推断电致变色现象与它们氧化物的电子结构有关。[39]

表 2.1　无机电变色材料及其性质[39]

材料	类型	透明	结构
TiO_2	阴	是	三维框架
V_2O_5	阴/阳	否	二维层状
Cr_2O_3	阳	否	三维框架
MnO_2	阳	否	三维框架

续表

材料	类型	透明	结构
FeO_2	阳	否	三维框架
CoO_2	阳	是	二维层状
Nb_2O_5	阴	是	二维层状
MoO_3	阴	是	三维框架
RhO_2	阳	是/否	三维框架/二维层状
Ta_2O_5	阴	是	三维框架
WO_3	阴	是	三维框架
IrO_2	阳	是	三维框架

虽然有如此多的关于无机电致变色材料的报道，但是其中最有前景且受关注最多的是 WO_3，对其研究的重点集中在 WO_3 晶态薄膜和非晶态薄膜的制备及应用上。溶胶-凝胶法、沉积法和磁控溅射法均能得到性能优越的 WO_3 电致变色薄膜，可广泛用于电致变色显示器件、光电摄影材料、光电转换器以及存储器等领域。近些年，对于 WO_3 纳米材料的电致变色现象的关注也随着纳米材料的发展而不断提升。[41]除了无机电致变色材料外，一些有机物也能在外加电场作用下发生可逆的颜色变化，且一部分还能实现多种颜色变化。紫罗精就是一种典型的多种颜色变化有机电致变色材料，它所表现出来的颜色依赖于不同的取代基。多种颜色变化，再加上制备成本低、变色响应快、可逆性好等优点，使得这类有机电致变色材料也越来越受到关注。[42-43]

由于对 WO_3 电致变色材料的广泛关注，关于其电致变色的原理也是众多研究者普遍关心的问题。随着近年来的不断探索，人们提出了若干种解释和模型，如电化学反应模型、离子-电子注入模型、大/小极化子吸收模型、Drude 自由电子模型以及能带理论描述等。目前，比较符合客观事实并且为大家所认可的是 Faughnan 等提出的离子-电子注入模型。[41]Faughnan 等认为 WO_3 在电解液中在电场作用下的变色是由电场作用下 M 正离子和电子同时进入 WO_3 材料产生呈蓝色的钨青铜（M_xWO_3）所致。反应过程如反应式(2-1)所示，其中 M = H, Li, Na, K 等碱金属离子, x 为进入的正离子数并代表电子数目。当电场方向相反时则方程式向反方向进行，变色可逆。[44]

$$WO_3 + xe^- + xM^+ \longrightarrow M_xWO_3 \qquad (2-1)$$

具有电致变色性能的 WO_3 六方晶系微观结构如图 2.5 所示。

六方晶系的 WO_3 空间群为 $P6/mmm$，该六方晶系 WO_3（h-WO_3）具有层状结构，每层 WO_6 八面体共顶相连形成六元环，层与层之间沿(001)晶轴方向堆积，在此方向形成一维的六方通道和三方通道。这些通道就是在电场作用下的正离子以及电子进入 WO_3 材料中间而形成钨青铜，从而发生变色现象的通道。[45-46]

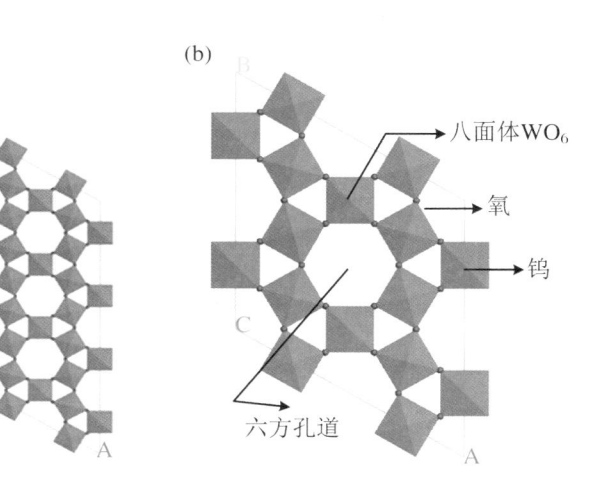

图 2.5　六方晶系 WO_3 微观结构

2.2.2

电致变色纳米材料的优点和应用

纳米技术的发现和研究表明，物质在进入纳米尺度后会表现出该物质在宏观状态下所不具备的效应，如隧道效应、小尺寸效应、量子效应等。电致变色无机纳米材料也具有前所未有的特点和优越性能。

就 WO_3 而言，过去所使用的非晶态 WO_3 由于其较大的比表面积而具有快速的电致变色响应，但是这种松散结构的非晶态无定形 WO_3 的使用范围只能局限于 Li 离子电解质中。非晶态 WO_3 在酸性电解液中会很容易溶解，由于 H 离子的体积较 Li 离子小，因此更容易进入 WO_3 中形成钨青铜而发生变色反应，从而更具有高的响应速度，所以制造能耐酸性的 WO_3 电致变色材料一直是研究者们关注的重点。[46]纳米 WO_3 具有稳定致密的结构和更大的比表面积，因此适用于作为更具有优越性能的电致变色材料，关于纳米 WO_3 电致变色材料的制备也成为人们研究的对象。化学气相沉积法被用于构建纳米 WO_3 电致变色薄膜，相对于无定形非晶态具有更高的变色效率和稳定性[47]；通过 950 ℃ 下的热沉积法合成的纳米 WO_{3-x} 具有较高的着色对比度和可逆性[48]；以钨酸锂、硫酸锂和盐酸为前体通过热液法能够得到 WO_3 纳米线，且硫酸根是在这种条件下合成其的必需[49]。近年来，WO$_3$纳米线的合成及其优越的电致变色性能正日益受到重视[50]。

2.3
光电催化技术和人工固氮过程介绍

2.3.1

光电催化的作用原理和发展

太阳能的有效转化和利用一直以来都是人类关注的焦点。Fujishima 等报道的单晶 TiO$_2$ 能在紫外光下催化氧化还原水产生氢气，使人们对于太阳能和光催化技术有了崭新的认识。[51]而对在环境领域中的半导体光催化技术的关注是从 TiO$_2$ 在紫外光照射下的多氯联苯光催化脱氯反应开始的。[52]TiO$_2$ 在氙灯照射下对二苯酚、卤族离子、CN$^-$ 离子等的光催化反应，以及以 ZnO、Fe$_2$O$_3$、CdS、WO$_3$ 等作为光催化剂对 CN$^-$、SO$_3{}^{2-}$ 的光催化反应，进一步拓展了光催化剂的范围和光催化反应的作用范围。[53-54]随后，关于各种高效催化剂和相应光催化反应的报道不断涌现，所采用的激发光也扩展到占大部分太阳光能的可见光范围。在面对能源危机和环境污染问题的今天，光催化技术已经成为环境领域中一种具有重要应用前景的污染处理方法。而在这些半导体光催化材料中，无毒、廉价、高活性的 TiO$_2$ 是最受关注的。[55-58]

对于半导体光催化剂，从能带模型方面出发，其满的成键轨道称为价带（Valence Band，VB），空的反键轨道称为导带（Conduction Bond，CB），它们之间被禁带分开，禁带带隙的大小对光催化剂的光学性质有很大影响，一般需要用能量来激发价带上的电子才能使之跃迁至导带。[59-63]因此，在足够强的外界能量激发（光）下，半导体光催化剂价带上的电子会发生带间跃迁至导带，跃迁的同时价带上会形成与此数目相同的正电荷空位，被称为"光生空穴"（h$^+$），跃迁的电子成为"光生电子"（e$^-$），如图 2.6 所示。

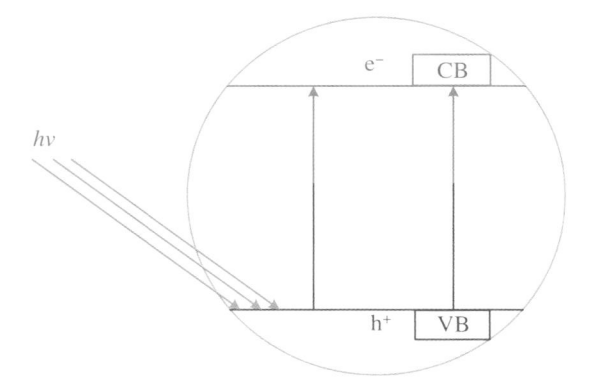

图 2.6　半导体光催化剂激发示意图

光生空穴具有强氧化性，而光生电子具有还原性，它们可以迁移到半导体光催化剂表面，与外界的不同组分发生氧化或者还原反应，即光催化过程。

TiO_2 是典型的半导体光催化剂，它有锐钛矿、金红石和板钛矿三种晶型结构。一般认为锐钛矿型和金红石型具有光催化性能，它们的禁带宽度分别是 $3.2\,eV$ 和 $3.0\,eV$，对应的光激发总阈值分别是 387 nm 和 413 nm，均位于紫外区，即 TiO_2 对可见光基本没有响应[64]。在水相反应体系中，TiO_2 的光激发过程如下列反应式所示：

$$TiO_2 + h\nu \longrightarrow h_{VB}^+ + e_{CB}^- \tag{2-2}$$

$$h_{VB}^+ + H_2O \longrightarrow \cdot OH + H^+ \tag{2-3}$$

$$h_{VB}^+ + OH^- \longrightarrow \cdot OH \tag{2-4}$$

$$e_{CB}^- + O_2 \longrightarrow \cdot O_2^- \tag{2-5}$$

$$\cdot O_2^- + H^+ \longrightarrow \cdot HO_2 \tag{2-6}$$

$$\cdot 2HO_2 \longrightarrow O_2 + H_2O_2 \tag{2-7}$$

$$H_2O_2 + \cdot O_2^- \longrightarrow \cdot OH + OH^- + O_2 \tag{2-8}$$

$$h_{VB}^+ + e_{CB}^- \longrightarrow h\nu / 热 \tag{2-9}$$

TiO_2 在光激发下发生电子跃迁，产生光生电子和光生空穴，光生空穴可以和在 TiO_2 光催化剂表面吸附的水分子、氧分子等反应，直接或间接地生成·OH 自由基。·OH 自由基是一种强氧化剂，它可以和大多数反应物发生氧化反应，也有关于·O_2^- 和光生空穴参与光催化反应的报道。对于具体的光催化体系，其反应机理和作用物质需要做具体的分析。[55-56,60,65]

TiO_2 在光激发下发生电子跃迁所产生的光生电子和光生空穴能够快速再复合［反应式(2-9)］，从而限制了其余反应的进行，降低了 TiO_2 光催化的量子效率，这是光催化技术实际应用的限制因素。为了抑制这一复合过程，提高催化效

率,目前主要是通过光催化剂改性法和改变光催化条件来加快光生电子和空穴的分离速率。[60,66-67]

光催化剂改性主要是通过贵金属沉积、过渡元素或非金属元素掺杂和半导体耦合法来实现的。贵金属(如 Ag、Au、Pt、Pd 等)具有较低的费米(Fermi)能级,因此当它们沉积在半导体光催化剂表面相互接触时,光生电子将从能级高的半导体导带转移到较低的贵金属表面,从而实现了光生电子和光生空穴的分离,提高了半导体光催化剂的催化效率。[63,68-70]而对于过渡金属元素的掺杂机理则是众说纷纭,有学者认为过渡金属元素掺杂和非金属元素掺杂一样,都是在 TiO_2 晶格内形成缺陷以有利于 Ti^{3+} 氧化中心的形成;有学者认为是由于价态高于 Ti^{4+} 的金属离子掺杂后能捕获电子,而价态低的能捕获空穴从而造成分离;还有学者认为是形成的掺杂能级提高了光子利用率,且并不是所有的过渡金属元素掺杂都能提高光催化效率,如 Co^{3+} 和 Al^{3+} 的掺杂效果则刚好相反。[60,71]当两种半导体相耦合时,它们的禁带宽度和导带、价带所处能级的差别,使得激发后的光生电子能在两个半导体之间定向转移,从而实现了光生电子和光生空穴的分离。[60,72-73]

除了上述对光催化剂的改性外,改变光催化反应的条件也能实现对光生电子和光生空穴再复合的抑制。如在反应体系中加入比氧更容易和光生电子反应的电子捕获剂(如过氧化氢、过硫酸盐、重铬酸盐和高碘酸盐等),均能大幅度提高光催化氧化的效率[74]。同理,如果加入甲醇、甲酸、草酸和异丙醇等容易和光生空穴所产生的自由基反应的物质,则能实现硝酸盐的光催化还原过程。[75-76] Fujishima等对 TiO_2 薄膜覆盖的电极施加阳极偏压发现,在电场作用下光生电子能够通过外电路转移到对电极上,即实现了光生电子和光生空穴的快速分离,提高了光生空穴的有效利用率和光催化量子效率。这种反应被称为光电催化反应。随后的研究也发现即使在很小的外加偏压下(<1 V),也能获得很高的光电催化效率,但该反应需要消耗一定的电能,这成为此应用的限制因素。[77-80]

对光电催化降解反应来说,其总速率总是大于单独的光催化和单独的电催化反应的速率,即在此体系中光催化和电催化具有协同作用。在这个过程中影响反应速率的因素有很多,如光催化剂性能、外加偏压大小、光照强度、溶液中的电解质种类和浓度、溶液的 pH、被降解物初始浓度、反应温度等。一般来说,偏压大小、光照强度和溶液性质的影响较大。[77,80]

研究表明,在光催化反应中即便是很小的外加偏压也能有效地抑制光生电子和光生空穴的复合。[81-82]在外加电压小于反应物的氧化还原电位时,电解反应可以忽略,此时反应速率的增加就是外加偏压抑制光生电子和光生空穴复合的结果。外加偏压会在光催化电极上形成一个电势梯度,从而促进光生电子和光生空穴向反方向移动进而实现分离。[77,80,83-85]采用时间分辨吸收光谱和激光闪光光解等技术研究表明,很小的电位变化就能引起 TiO_2 表面电荷分布的巨大变化。[86]对于不同的体系,外加偏压的影响也需视具体情况而做具体分析,一般认为存在一个最佳的偏压,在此情况下能在最小能耗下得到较好的光催化效果。

当其他条件固定时,光强就成为影响光电催化反应速率的一个重要参数。随着光强的增大,照射在光催化剂表面的光子数目随之增加,从而发生更多的电子跃迁,相应地生成更多的光生电子和光生空穴。研究表明,在一定条件下光催化反应的速率与光强之间呈正线性关系。[87-88]

光电催化体系中溶液性质的影响则较为复杂,溶液性质主要是指溶液中电解质浓度、溶液 pH 以及电解质在光电作用下是否有变化。溶液的导电能力随着电解质浓度的增加而增强,这有利于溶液中电子的传递,对光电催化反应速度有正面影响;但是随着溶液离子强度的增加,会有更多的离子吸附于 TiO_2 表面,从而与水分子、羟基等形成竞争关系,这又不利于光电催化反应的进行。因此,很多研究者认为应存在一个最佳的电解质浓度。[77,89]由于 TiO_2 表面性质受到 pH 的影响,在较低的 pH 下 TiO_2 表面会带正电荷,而在较高的 pH 下会带负电荷,TiO_2 表面不同的电荷状态会影响它对反应物的吸附,进而影响反应速度。此外,pH 还会影响半导体的能带位置,并有可能改变待降解物质的存在状态,这也会影响光电催化反应的速率。[77,83]对于一些非惰性电解质,如 Cl^- 能够在光电催化过程中被氧化生成活性氯,充当着氧化剂的角色。因此有研究表明,含 Cl^- 电解质能够增加光电催化反应的速率。[83,90]

2.3.2

人工固氮过程的影响和意义

氮元素在自然界中含量丰富且分布广泛,其中绝大部分以氮气(N_2)的形式存在。空气中含有约 78% 的氮气,其他氮元素主要是以有机结合氮和无机结合氮的形式存在。氮也是大部分生命过程的基本元素之一,存在于生物体内,是构成蛋白质以及 DNA 等生命基础的基本元素,也是构成植物本身及其进行光合作用的必要元素。[91]

氮元素在自然界中以各种形式循环转化。大气中的氮气是作为最大的氮元素存在的,但是大部分生物一般不能直接利用大气中的氮气,必须通过其他方式把它们固定下来变成可被生物利用的存在,然后在生物圈内循环转化。这个循环过程被称为氮循环,它是生物圈内最基本的物质循环之一。[92]主要的氮循环途径如图2.7所示,空气中的氮气可以通过图中①②③④四种途径转化为化合态氮。在闪电、宇宙射线或者火山爆发活动等过程中,由于存在放电、高温、高压等条件从而可以实现氮的固定化,即通过途径①把氮气经氮氧化物转化为亚硝酸盐,硝酸盐随降水送达地表。在早期地球表面可能主要是形成氨,这个过程也被认为是关乎生命起源的一个重要过程。绝大部分氮气生物固定是通过共生或者非共生的固氮细菌来完成的,拥有能催化氮气和氢转化成氨的固氮酶的细菌被称为固氮细菌,例如根瘤细菌。它们寄生在豆科植物(如大豆、豌豆和苜蓿等)的根瘤中,与这些植物之间形成共生关系,它们所合成的氨被植物所吸收,而植物通过光合作用等提供自身和这些固氮细菌所需要的糖类。也有一些固氮细菌能把生成的氨转化为自身组织的一部分,这就是图中的途径②。[93]随着人类数量的增加和科技的进步,人工的固氮作用,如途径②③④,对氮循环的影响也越来越大。人类对豆科植物的大规模种植使得途径②的比重明显增加[94]。途径③主要是20世纪初发展出来的由大气中氮制氨的化学方法(哈伯-博施法),即通过化学方法把氮气与氢气化合生成氨(NH$_3$),它使人为固定大气中的氮成为可能,还能由此而转化为硝酸来生产肥料和炸药所需的硝酸盐。随着化学燃料(如石油及其精炼产品等)的广泛应用,它们所产生的氮氧化物对氮循环以及地球环境的影响也越来越引起人们的关注,其途径如④所示。[91]

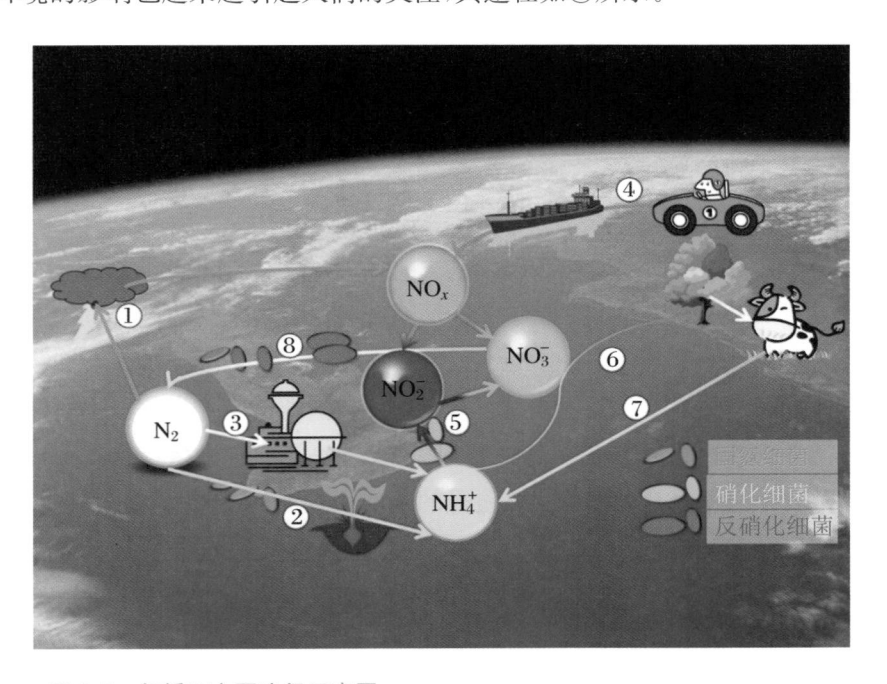

图 2.7　氮循环主要途径示意图

铵离子（NH_4^+）能够被硝化细菌氧化成亚硝酸盐，随后进一步被氧化成硝酸盐（途径⑤），土壤中的铵盐和硝酸盐能够被植物吸收，植物可以通过光合作用等方式将这些无机氮转化为自身所需要的有机氮，如蛋白质等，而动物以植物或者其他动物为食，从而使氮元素通过食物链进入动物体内，如途径⑥所示。动物自身代谢的排泄物中含有尿素和氨，尿素也能被微生物转化为氨。而当动植物死亡后躯体被微生物分解，有机氨又会转化成铵回到水体和土壤中，这就是途径⑦所指示的氨化作用。与硝化作用相对应，在厌氧条件下，硝化假单胞细菌等异养生物可以把硝酸盐作为厌氧呼吸的氧化剂进行反硝化作用，反硝化作用的主要产物是氮气和氮氧化物，但是也有一定的亚硝酸盐积累（途径⑧）。

如上所述，氮元素通过氮循环在氮气、氮氧化物、硝酸根（NO_3^-）、亚硝酸根（NO_2^-）、铵根等无机结合氮以及各种有机结合氮之间相互转化，这些无机氮元素的存在形式以及它们在环境中的累积和失衡也相应地引起了越来越严重的环境问题。

氮是动植物生长所必需的基本营养元素之一，植物对氮的吸收是动物获得氮的必要条件。因此，如果土壤中缺少活性氮就会限制植物的生长，从而引起诸如土壤有机质耗竭、水土流失等问题，进一步会影响整个生物圈的稳定。植物对氮的吸收主要是铵和硝酸盐，它们是土壤中所必需的，但是含量也是需要严格限制的。铵离子虽然对鱼类有毒，但是容易被固定在土壤里。而土壤里的硝酸盐很容易通过降水和灌溉进入水体循环。如果饮用水中硝酸根含量过高，当它进入人体后会在人体的肝肠代谢过程中被还原成亚硝酸盐，亚硝酸根可以将血红蛋白中具有携带氧能力的二价铁氧化为三价铁而失去携带氧的能力，从而会引发器官组织的缺氧并影响血液中的氧浓度。这种危害在婴幼儿身上表现得最为明显，这是因为婴幼儿体内胃酸浓度较成年人低，这会有利于硝酸盐还原菌的生存，故而有利于亚硝酸盐的生成。饮用水中含量过高的硝酸根会导致婴幼儿患致命的"蓝婴综合征"。而且过量的硝酸盐也是致癌物质。[95-98]当这些过量的硝酸盐进入水体之后也会引起水体富营养化，进而破坏水体生态系统，提高水处理的成本，导致水生生物因缺氧而灭绝，并引发藻华和赤潮现象。当海洋或者湖泊中的硝酸盐等无机氮含量上升时，水生植物如蓝藻、绿藻等藻类会大量吸收无机氮而过量繁殖。一方面，这些水生悬浮植物的过量增加会隔绝水体和空气的氧气交换途径，从而造成水体含氧量的下降，引发水中其他生物因缺氧而窒息死亡。另一方面，这些水生植物死亡后的残体会被微生物分解，这会进一步消耗掉水中的溶解氧，而且微生物分解水生植物也可能会产生大量有毒物质，从而对水中的其他生物造成危害。当水体富营养化后会破坏整个水生生态系统，消灭除了过量生长的水生植物如藻类以及少量微生物外的所有其他生物。因此,目前世界各国对饮用水中的硝酸根含量均作了严格的限制,欧盟标准规定的饮用水中硝酸盐含量为小于 $11.6\ mg\cdot L^{-1}$,推荐标准为小于 $5.3\ mg\cdot L^{-1}$,世界卫生组织、美国和中国所制订的标准的最高允许浓度为 $10\ mg\cdot L^{-1}$。[95-98]

氮氧化物是大气污染、温室效应以及酸雨的主要罪魁祸首。一氧化二氮(N_2O)和一氧化氮(NO)是光化学烟雾和酸雨的主要来源之一,也会产生温室效应。N_2O 还会和大气层中的臭氧反应从而扰乱臭氧层,增加了达到地面的太阳辐射中的紫外线强度,引起人类的健康问题。[95-98]

随着工农业的发展,硝酸盐和氮氧化物引发的环境问题也日趋严重。调查报告显示,我国约有 50% 的区域浅层地下水普遍存在硝酸盐污染,而氮氧化物引起的酸雨和光化学烟雾现象更是世界各国普遍感到困扰的污染问题。因此,对于这些污染的来源的充分认识和选择受污染地区的有效治理方法是解决上述问题的关键。

大气中氮氧化物的来源主要是化石燃料(煤、石油等)的燃烧和植物体的焚烧,以及农田氮肥和动物排泄的转化等人工的固氮过程。其中,汽车尾气是其主要来源。因此,近些年对新型无污染能源的研究和开发,对汽车尾气和燃烧废气的吸收处理,对植物秸秆的再利用以及对农田的适量控制施肥,都是解决氮氧化物污染的有效途径。

对于严重的地下水硝酸盐污染问题,目前的治理方法主要有生物脱氮法、离子交换法、化学还原法、电渗法、反渗透法和催化还原脱氮法等。这些方法各有优缺点。其中催化还原法,尤其是光催化还原法,是近些年新兴的一种脱氮方法。它主要是通过光催化剂表面产生的还原性光生电子来还原硝酸盐从而实现脱氮。[99-100] 为了提高这个反应的效率,一般会对催化剂进行改性(贵金属负载),并在反应体系中加入相应的空穴捕获剂(如草酸、甲酸和甲醇等)[100-103],但这样会提高处理成本并造成相应的二次污染问题,限制了它的实际应用。

参考文献

[1] Logan B E, Rossi R, Ragab A, et al. Electroactive microorganisms in bioelectrochemical systems [J]. Nature Reviews Microbiology, 2019(17): 307-319.

[2] Santoro C, Arbizzani C, Erable B, et al. Microbial fuel cells: from funda-

mentals to applications: a review [J]. Journal of Power Sources, 2017(356): 225-244.

[3] Gao Y, Mohammadifar M, Choi S. From microbial fuel cells to biobatteries: moving toward on-demand micropower generation for small-scale single-use applications [J]. Advanced Materials Technologies, 2019(4): 1900079.

[4] Bagchi S, Behera M. Assessment of heavy metal removal in different bioelectrochemical systems: a review [J]. Journal of Hazardous Toxic and Radioactive Waste, 2020(24): 4020010.

[5] Gildemyn S, Rozendal R A, Rabaey K. A gibbs free energy-based assessment of microbial electrocatalysis [J]. Trends in Biotechnology, 2017 (35): 393-406.

[6] Lovley D R. Syntrophy goes electric: direct interspecies electron transfer [J]. Annual review of microbiology, 2017(71): 643-664.

[7] Light S H, Su L, Rivera-Lugo R, et al. A flavin-based extracellular electron transfer mechanism in diverse Gram-positive bacteria [J]. Nature, 2018 (562): 140-144.

[8] Reguera G. Harnessing the power of microbial nanowires [J]. Microbial Biotechnology, 2018(11): 979-994.

[9] Subramanian P, Pirbadian S, El-Naggar M Y, et al. Ultrastructure of *Shewanella oneidensis* MR-1 nanowires revealed by electron cryotomography [J]. Proceedings of the National Academy of Sciences of the United States of America, 2018(115): 3246-3255.

[10] Monteverde D R, Sylvan J B, Suffridge C, et al. Distribution of extracellular flavins in a coastal marine basin and their relationship to redox gradients and microbial community members [J]. Environmental Science & Technology, 2018(52): 12265-12274.

[11] Doyle L E, Marsili E. Weak electricigens: a new avenue for bioelectrochemical research [J]. Bioresource Technology, 2018(258): 354-364.

[12] Baudler A, Schmidt I, Langner M, et al. Does it have to be carbon? Metal anodes in microbial fuel cells and related bioelectrochemical systems [J]. Energy & Environmental Science, 2015(8): 2048-2055.

[13] Sekar N, Wu C H, Adams M W W, et al. Electricity generation by Pyrococcus furiosus in microbial fuel cells operated at 90 ℃ [J]. Biotechnology and Bioengineering, 2017(114): 1419-1427.

[14] Yilmazel Y D, Zhu X, Kim K Y, et al. Electrical current generation in microbial electrolysis cells by hyperthermophilic archaea *Ferroglobus placidus* and *Geoglobus ahangari*[J]. Bioelectrochemistry, 2016(119): 142-149.

[15] McAnulty M J, Poosarla V G, Kim K Y, et al. Electricity from methane by reversing methanogenesis [J]. Nature Communications, 2017(8): 15419.

[16] Hubenova, Y, Mitov M. Extracellular electron transfer in yeast-based biofuel cells: a review [J]. Bioelectrochemistry, 2015(106):177-185.

[17] Kumar A, Hsu L H, Kavanagh P, et al. The ins and outs of microorganism-electrode electron transfer reactions [J]. Nature Reviews Chemistry, 2017 (1): 24.

[18] Reimers C E, Li C, Graw M F, et al. The identification of cable bacteria attached to the anode of a benthic microbial fuel cell: evidence of long distance extracellular electron transport to electrodes [J]. Frontiers in Microbiology, 2017(8): 2055.

[19] Nielsen L P, Risgaard-Petersen N. Rethinking sediment biogeochemistry after the discovery of electric currents [J]. Annual Review of Marine Science, 2015(7): 425-442.

[20] Liu T, Yu Y Y, Chen T, et al. A synthetic microbial consortium of *Shewanella* and *Bacillus* for enhanced generation of bioelectricity [J]. Biotechnology and Bioengineering, 2017(114): 526-532.

[21] Feng J, Qian Y, Wang Z, et al. Enhancing the performance of Escherichia coli-inoculated microbial fuel cells by introduction of the phenazine-1-carboxylic acid pathway [J]. Journal of Biotechnology, 2018(275):1-6.

[22] Cao Y, Li X, Li F, et al. CRISPRi-sRNA: transcriptional-translational regulation of extracellular electron transfer in *Shewanella oneidensis* [J]. ACS Synthetic Biology, 2017(6): 1679-1690.

[23] McAnulty M J, Poosarla V G, Kim K Y, et al. Electricity from methane by reversing methanogenesis [J]. Nature Communications, 2017(8): 15419.

[24] Hubenova Y, Mitov M. Extracellular electron transfer in yeast-based biofuel cells: a review [J]. Bioelectrochemistry, 2015 (106): 177-185.

[25] Lu Z, Chang D, Ma J, et al. Behavior of metal ions in bioelectrochemical systems: a review [J]. Journal of Power Sources, 2015(275): 243-260.

[26] Gang H, Xiao C, Xiao Y, et al. Proteomic analysis of the reduction and resistance mechanisms of *Shewanella oneidensis* MR-1 under long-term

hexavalent chromium stress [J]. Environment International，2019(127)：94-102.

[27] Myung J，Yang W，Saikaly P，et al. Copper current collectors reduce long-term fouling of air cathodes in microbial fuel cells [J]. Environmental Science-Water Research & Technology，2018(4)：513-519.

[28] Slate A J，Whitehead K A，Brownson，D A C，et al. Microbial fuel cells：an overview of current technology [J]. Renewable & Sustainable Energy Reviews，2019(101)：60-81.

[29] Yousefi V，Mohebbi-Kalhori D，Samimi A. Ceramic-based microbial fuel cells（MFCs）：a review [J]. International Journal of Hydrogen Energy，2017(42)：1672-1690.

[30] He Z. Development of microbial fuel cells needs to go beyond "Power Density" [J]. ACS Energy Letters，2017(2)：700-702.

[31] Yang W，Kim K Y，Saikaly P E，et al. The impact of new cathode materials relative to baseline performance of microbial fuel cells all with the same architecture and solution chemistry [J]. Energy Environment & Science，2017(10)：1025-1033.

[32] Parkash A. Microbial fuel cells：a source of bioenergy [J]. Journal of Microbial & Biochemical Technology，2016(8)：247-255.

[33] Kumar R，Singh L，Zularisam A W. Exoelectrogens：recent advances in molecular drivers involved in extracellular electron transfer and strategies used to improve it for microbial fuel cell applications [J]. Renewable & Sustainable Energy Reviews，2016 (56)：1322-1336.

[34] Winfield J，Gajda I，Greenman J，et al. A review into the use of ceramics in microbial fuel cells [J]. Bioresource Technology，2016(215)：296-303.

[35] Ishii S，Suzuki S，Tenney A，et al. Comparative metatranscriptomics reveals extracellular electron transfer pathways conferring microbial adaptivity to surface redox potential changes [J]. ISME Journal，2018(12)：2844-2863.

[36] Cooper R E，DiChristina T J. Fe(Ⅲ) oxide reduction by anaerobic biofilm formation-deficients-ribosylhomocysteine lyase（LuxS）mutant of *Shewanella oneidensis*[J]. Geomicrobiology Journal，2019(36)：639-650.

[37] Zhao N N，Treu L，Angelidaki I，et al. Exoelectrogenic anaerobic granular sludge for simultaneous electricity generation and wastewater treatment [J]. Environmental Science & Technology，2019(53)：12130-12140.

[38] Sun M, Zhai L F, Li W W, et al. Harvest and utilization of chemical energy in wastes by microbial fuel cells [J]. Chemical Society Reviews, 2016 (45): 2847-2870.

[39] Yun T G, Park M, Kim D H, et al. All-transparent stretchable electrochromic super-capacitor wearable patch device [J]. ACS Nano, 2019(13): 3141-3150.

[40] Azam A, Kim J, Park J, et al. Two-dimensional WO_3 nanosheets chemically converted from layered WS_2 for high-performance electrochromic devices [J]. Nano Letters, 2018(18): 5646-5651.

[41] Shen W G, Huo X T, Zhang M, et al. Synthesis of oriented core/shell hexagonal tungsten oxide/amorphous titanium dioxide nanorod arrays and its electrochromic-pseudocapacitive properties [J]. Applied Surface Science, 2020(515): 146034.

[42] Li Y, McMaster W A, Wei H, et al. Enhanced electrochromic properties of WO_3 nanotree-like structures synthesized via a two-step solvothermal process showing promise for electrochromic window application [J]. ACS Applied Nano Materials, 2018(6): 2552-2558.

[43] Yu H, Guo J, Wang C, et al. Essential role of oxygen vacancy in electrochromic performance and stability for WO_3-y films induced by atmosphere annealing [J]. Electrochimica Acta, 2020(332): 135504.

[44] Li M Y, Wen S S, Jin S Q, et al. WO_3 all-solid-state electrochromic devices made of capillary phenomena [J]. Materials Research Express, 2019 (11): 116204.

[45] Kadam A V, Bhosale N Y, Patil S B, et al. Fabrication of an electrochromic device by using WO_3 thin films synthesized using facile single-step hydrothermal process [J]. Thin Solid Films, 2019(673): 86-93.

[46] Shi Y, Zhang Y, Tang K, et al. Designed growth of WO_3/PEDOT core/shell hybrid nanorod arrays with modulated electrochromic properties [J]. Chemical Engineering Journal, 2019(355): 942-951.

[47] Eh A L S, Tan A W M, Cheng X, et al. Recent advances in flexible electrochromic devices: prerequisites, challenges, and prospects [J]. Energy Technology, 2018(6): 33-45.

[48] Wang S, Fan W, Liu Z, et al. Advances on tungsten oxide based photochromic materials: strategies to improve their photochromic properties [J].

Journal of Materials Chemistry C，2018(6)：191-212.

[49] Zheng M，Tang H，Hu Q，et al. Tungsten-based materials for lithiumion batteries [J]. Advanced Functional Materials，2018(28)：1707500.

[50] Eh A L S，Tan A W M，Cheng X，et al. Recent advances in flexible electro-chromic devices：prerequisites，challenges，and prospects [J]. Energy Technology，2018(6)：33-45.

[51] Kurnaravel V，Mathew S，Bartlett J，et al. Photocatalytic hydrogen production using metal doped TiO_2：a review of recent advances [J]. Applied Catalysis B-Environmental，2019(244)：1021-1064.

[52] Meng A Y，Zhang L Y，Cheng B，et al. Dual cocatalysts in TiO_2 photocatalysis [J]. Advanced Materials，2019(31)：1807660.

[53] Zhao Y X，Zhao Y F，Shi R，et al. Tuning oxygen vacancies in ultrathin TiO_2 nanosheets to boost photocatalytic nitrogen fixation up to 700 nm [J]. Advanced Materials，2019(31)：1806482.

[54] Hong W，Zhou Y，Lv C，et al. NiO quantum dot modified TiO_2 toward robust hydrogen production performance [J]. ACS Sustainable Chemistry & Engineering，2018(6)：889-896.

[55] Feng F，Li C，Jian J，et al. Boosting hematite photoelectrochemical water splitting by decoration of TiO_2 at the grain boundaries [J]. Chemical Engineering Journal，2019 (368)：959-967.

[56] Hisatomi T，Domen K. Reaction systems for solar hydrogen production via water splitting with particulate semiconductor photocatalysts [J]. Nature Catalysis，2019(2)：387-399.

[57] Cai J，Shen J，Zhang X，et al. Hydrogen production：light-driven sustainable hydrogen production utilizing TiO_2 nanostructures：a review [J]. Small Method，2019(3)：1800053.

[58] Li X，Yu J，Mietek J. Hierarchical photocatalysts [J]. Chemical Society Reviews，2016(45)：2603-2636.

[59] Low J，Cheng B，Yu J. Surface modification and enhanced photocatalytic CO_2 reduction performance of TiO_2：a review [J]. Applied Surface Science，2017(392)：658-686.

[60] Yoshio N，Nosaka A Y. Generation and detection of reactive oxygen species in photocatalysis [J]. Chemical Reviews，2017(117)：11302-11336.

[61] Baran T，Wojtyła S，Minguzzi A，et al. Achieving efficient H_2O_2 produc-

tion by a visible-light absorbing, highly stable photosensitized TiO_2 [J]. Applied Catalysis B: Environmental, 2019(244): 303-312.

[62] Mikrut P, Kobielusz M, Macyk W. Spectroelectrochemical characterization of euhedral anatase TiO_2 crystals-Implications for photoelectrochemical and photocatalytic properties of {001} {100} and {101} facets [J]. Electrochimica Acta, 2019(310): 256-265.

[63] Lee Y E, Chung W C, Chang M B. Photocatalytic oxidation of toluene and isopropanol by $LaFeO_3$/black-TiO_2 [J]. Environmental Science and Pollution Research, 2019 (20): 20908-20919.

[64] Sułek A, Pucelik B, Kuncewicz J, et al. Sensitization of TiO_2 by halogenated porphyrin derivatives for visible light biomedical and environmental photocatalysis [J]. Catalysis Today, 2019(335): 538-549.

[65] Qian R, Zong H, Schneider J, et al. Charge carrier trapping, recombination and transfer during TiO_2 photocatalysis: an overview [J]. Catalysis Today, 2019(335): 78-90.

[66] Khalil M, Anggraeni E S, Ivandini T A, et al. Exposing TiO_2 (001) crystal facet in nano Au-TiO_2 heterostructures for enhanced photodegradation of methylene blue [J]. Applied Surface Science, 2019(487): 1376-1384.

[67] Kusiak-Nejman E, Morawski A W. TiO_2/graphene-based nanocomposites for water treatment: a brief overview of charge carrier transfer, antimicrobial and photocatalytic performance [J]. Applied Catalysis B: Environmental, 2019(253): 179-186.

[68] Liu B, Yan L, Wang J. Liquid N_2 quenching induced oxygen defects and surface distortion in TiO_2 and the effect on the photocatalysis of methylene blue and acetone [J]. Applied Surface Science, 2019(494): 266-274.

[69] Kőrösi L, Bognár B, Bouderias S, et al. Highly-efficient photocatalytic generation of superoxide radicals by phase-pure rutile TiO_2 nanoparticles for azo dye removal [J]. Applied Surface Science, 2019(493): 719-728.

[70] Hayashi K, Nozaki K, Tan Z, et al. Enhanced antibacterial property of facet-engineered TiO_2 Nanosheet in presence and absence of ultraviolet irradiation [J]. Materials, 2020 (1): 78.

[71] Pirozzi D, Imparato C, D'Errico G, et al. Three-year lifetime and regeneration of superoxide radicals on the surface of hybrid TiO_2 materials exposed to air [J]. Journal of Hazardous Materials, 2020(387): 121716.

[72] Bayan E M, Lupeiko T G, Pustovaya L E, et al. Zn-F co-doped TiO_2 nanomaterials: synthesis, structure and photocatalytic activity [J]. Journal of Alloys and Compounds, 2020(822): 153662.

[73] Zhang J, Yuan M, Liu X, et al. Copper modified Ti^{3+} self-doped TiO_2 photocatalyst for highly efficient photodisinfection of five agricultural pathogenic fungus [J]. Chemical Engineering Journal, 2020(387): 124171.

[74] Vali A, Malayeri H Z, Azizi M, et al. DPV-assisted understanding of TiO_2 photocatalytic decomposition of aspirin by identifying the role of produced reactive species [J]. Applied Catalysis B: Environmental, 2020(266): 118646.

[75] Zhang J, Zheng L, Wang F, et al. The critical role of furfural alcohol in photocatalytic H_2O_2 production on TiO_2 [J]. Applied Catalysis B: Environmental, 2020(269): 118770.

[76] Jiang W L, Ding Y C, Haider M R, et al. A novel TiO_2/graphite felt photoanode assisted electro-Fenton catalytic membrane process for sequential degradation of antibiotic florfenicol and elimination of its antibacterial activity [J]. Chemical Engineering Journal, 2020(391): 123503.

[77] Rodríguez-González V, Obregón S, Patrón-Soberano O A, et al. An approach to the photocatalytic mechanism in the TiO_2-nanomaterials microorganism interface for the control of infectious processes [J]. Applied Catalysis B: Environmental, 2020(270): 118853.

[78] Porcar-Santos O, Cruz-Alcalde A, López-Vinent N, et al. Photocatalytic degradation of sulfamethoxazole using TiO_2 in simulated seawater: evidence for direct formation of reactive halogen species and halogenated by-products [J]. Science of The Total Environment, 2020(736): 139605.

[79] Xu J, Liu N, Wu D, et al. Upconversion nanoparticle-assisted payload delivery from TiO_2 under near-infrared light irradiation for bacterial inactivation [J]. ACS Nano, 2020(1): 337-346.

[80] Roger I, Shipman Mi A, Symes M D. Earth-abundant catalysts for electrochemical and photoelectrochemical water splitting [J]. Nature Reviews Chemistry, 2017(1): 3.

[81] Ding C, Shi J, Wang Z, et al. Photoelectrocatalytic water splitting: significance of cocatalysts, electrolyte, and interfaces [J]. ACS Catalysis, 2017(7):675-688.

[82] Hu Y, Pan Y, Wang Z, et al. Lattice distortion induced internal electric

field in TiO$_2$ photoelectrode for efficient charge separation and transfer [J]. Nature Communications, 2020(1): 2129.

[83] Huang K, Li C, Zhang X, et al. TiO$_2$ nanorod arrays decorated by nitrogen-doped carbon and g-C$_3$N$_4$ with enhanced photoelectrocatalytic activity [J]. Applied Surface Science, 2020(518): 146219.

[84] Liu E, Zhang X, Xue P, et al. Carbon membrane bridged ZnSe and TiO$_2$ nanotube arrays: fabrication and promising application in photoelectrochemical water splitting [J]. International Journal of Hydrogen Energy, 2020 (16): 9635-9647.

[85] Jia J, Xue P, Hu X, et al. Electron-transfer cascade from CdSe@ZnSe core-shell quantum dot accelerates photoelectrochemical H$_2$ evolution on TiO$_2$ nanotube arrays [J]. Journal of Catalysis, 2019(375): 81-94.

[86] Li Y, Wang J G, Fan Y, et al. Plasmonic TiN boosting nitrogen-doped TiO$_2$ for ultrahigh efficient photoelectrochemical oxygen evolution [J]. Applied Catalysis B: Environmental, 2019(246): 21-29.

[87] Cheng X, Zhang Y, Bi Y. Spatial dual-electric fields for highly enhanced the solar water splitting of TiO$_2$ nanotube arrays [J]. Nano Energy, 2019 (57): 542-548.

[88] Bellamkonda S, Thangavel N, Hafeez H Y, et al. Highly active and stable multi-walled carbon nanotubes-graphene-TiO$_2$ nanohybrid: an efficient non-noble metal photocatalyst for water splitting [J]. Catalysis Today, 2019 (321/322): 120-127.

[89] Lv X, Tao L, Cao M, et al. Enhancing photoelectrochemical water oxidation efficiency via self-catalyzed oxygen evolution: a case study on TiO$_2$[J]. Nano Energy, 2018(44): 411-418.

[90] Yu S, Han B, Lou Y, et al. Nano anatase TiO$_2$ quasi-core-shell homophase junction induced by a Ti^{3+} concentration difference for highly efficient hydrogen evolution [J]. Inorganic Chemistry, 2020(5): 3330-3339.

[91] Hutchins D A, Fu F. Microorganisms and ocean global change [J]. Nature Microbiology, 2017(2): 17058.

[92] Mallik A, Li Y, Wiedenbeck M. Nitrogen evolution within the Earth's atmosphere-mantle system assessed by recycling in subduction zones [J]. Earth and Planetary Science Letters, 2018(482): 556-566.

［93］ Luo X，Meng F. Roles of organic matter-induced heterotrophic bacteria in nitritation reactors：ammonium removal and bacterial interactions［J］. ACS Sustainable Chemistry & Engineering，2020(8)：3976-3985.

［94］ Pan J，Ma J，Wu H，et al. Application of metabolic division of labor in simultaneous removal of nitrogen and thiocyanate from wastewater［J］. Water Research，2019(150)：216-224.

［95］ McCarty P L. What is the best biological process for nitrogen removal：when and why?［J］. Environmental Science & Technology，2018(52)：3835-3841.

［96］ Ji J，Peng Y，Wang B，et al. Synergistic partial-denitrification，anammox，and in-situ fermentation（SPDAF）process for advanced nitrogen removal from domestic and nitrate-containing wastewater［J］. Environmental Science & Technology，2020(6)：3702-3713.

［97］ Luo X，Meng F. Roles of organic matter-induced heterotrophic bacteria in nitritation reactors：ammonium removal and bacterial interactions［J］. ACS Sustainable Chemistry & Engineering，2020(9)：3976-3985.

［98］ Ma W J，Li G F，Huang B C，et al. Advances and challenges of mainstream nitrogen removal from municipal wastewater with anammox-based processes［J］. Water Environment Research，2020(92)：1899-1909.

［99］ Ji X，Wang Y，Lee P H. Evolution of microbial dynamics with the introduction of real seawater portions in a low-strength feeding anammox process［J］. Applied Microbiology and Biotechnology，2020(12)：5593-5604.

［100］ Garcia-Segura S，Lanzarini-Lopes M，Hristovski K. Westerhoff Paul，Electrocatalytic reduction of nitrate：fundamentals to full-scale water treatment applications［J］. Applied Catalysis B：Environmental，2018(236)：546-568.

［101］ Xu D，Li Y，Yin L，et al. Electrochemical removal of nitrate in industrial wastewater［J］. Frontiers of Environmental Science & Engineering，2018(12)：9.

［102］ Jiang X，Ying D，Ye D，et al. Electrochemical study of enhanced nitrate removal in wastewater treatment using biofilm electrode［J］. Bioresource Technology，2018(252)：134-142.

［103］ Guo S，Heck K，Kasiraju S，et al. Insights into nitrate reduction over indium-decorated palladium nanoparticle catalysts［J］. ACS Catalsis，2018(8)：503-515.

第 —— **3** —— 章

电致变色纳米材料用于胞外
呼吸细菌高通量分离和表征

ERB广泛存在于自然界中,它可以氧化包括许多有毒化合物在内的有机底物,并以铁锰氧化物、有毒重金属和石墨电极等为电子受体,在环境修复、生物冶金、新能源开发以及地球化学等方面均有着重要的实用价值和研究意义。[1-5]但是,目前高活性纯种ERB的分离较为困难,需要专业的仪器、熟练的工作人员以及较长的时间。[6-10]因此,迫切需要研发快速、高效、廉价、高通量的ERB筛选和表征方法。[11-17]

可视化检测方法,由于其快速、高效、简便、易操作等特性,近些年被广泛用于多个领域。电致变色无机纳米材料能够在被施加外加电压时,其颜色发生变化,而当施加电压的方向发生变化时材料的颜色则会恢复,即这种变色现象是可逆的。[18-20]六角相的WO_3纳米材料能够在外加电压的情况下,快速灵敏地形成蓝色钨青铜M_xWO_3(M=H,Li,Na和K等),且WO_3纳米材料具有很好的生物相容性。[21-23]因此,可以期待WO_3纳米材料能够作为一种高效的接受电子探针,来接受ERB的胞外传递电子,并用来筛选和表征ERB。

在本章中,首先通过水热法合成WO_3纳米材料,并把它和细菌加入96孔板中用于快速筛选和表征ERB;通过模式菌株的细菌电致变色实验分析ERB和WO_3纳米材料之间的电子传递方式;建立一种快速、高效、廉价、高通量筛选ERB,并定量表征其胞外电子传递能力的可视化方法。

3.1

电致变色纳米材料的合成与应用

3.1.1

WO_3电致变色纳米材料的合成和表征

WO_3纳米材料是以$Na_2WO_4 \cdot 2H_2O$为前体通过水热法合成得到的。取0.825 g $Na_2WO_4 \cdot 2H_2O$和0.290 g NaCl溶于20 mL超纯水中搅拌均匀,然后边搅拌边逐滴缓慢加入3 mol·L^{-1}的HCl,直到溶液的pH达到2.0。把溶液转移到 45 mL 的不锈钢高压釜内将其拧紧后置于烘箱中,调至 180 ℃保持 16 h。待其自然冷却后,就会得到白色的 WO$_3$ 纳米晶体粉末。[23] 将所得粉末经多次超纯水洗涤后,用 0.45 μm 的微孔滤膜过滤,收集滤膜上的 WO$_3$ 纳米晶体于 40 ℃烘干后备用。

所制备的 WO$_3$ 纳米晶体的晶型结构采用 X 射线衍射(XRD,X' Pert PRO,Philips Co.,the Netherlands)方法进行表征,并利用扫描电子显微镜(SEM,JSM-6700F,JEOL Co.,Japan)观察其微观结构。

3.1.2

细菌电致变色的可行性研究

采用由美国南加州大学 Nealson 教授提供的 *Shewanella oneidensis* MR-1 野生型细菌和它的 10 个基因突变菌株、*Geobacter sulfurreducens* 以及 *Pelobacter carbinolicus*(DSMZ 2380)作为模式菌株,验证此方法的有效性、可行性和可靠性,探索这些菌株与 WO$_3$ 电致变色纳米晶体之间的电子传递机制,并分析是否与菌株和石墨电极之间的传递机制类似。这些菌株的胞外电子传递性能强弱已被文献报道。[8,10,15,24]

取 *Shewanella oneidensis* MR-1 野生型细菌和它的 10 个基因突变菌株,实验前这些菌株均被保存在甘油管中并置于 - 80 ℃超低温冰箱中。菌株在使用前先接种于灭菌的 LB 培养基中,在 30 ℃摇床中 125 rpm 震摇至细菌稳定生长期,然后把这些菌液在离心机中以速率 4000 rpm 离心 5 min 回收菌体,将菌体重悬于乳酸钠无机盐培养基中再次离心,如此重复 3 次重悬后待用。乳酸钠无机盐培养基的组成和配置如下:每升培养基含 2.02 g 乳酸钠,5.85 g NaCl,11.91 g Hepes,0.3 g NaOH,1.498 g NH$_4$Cl,0.097 g KCl,0.67 g NaH$_2$PO$_4$ • 2H$_2$O 和 1 mL 微量元素存储液[每升含 1.5 g NTA(C$_6$H$_9$NO$_6$),30 g MgSO$_4$ • 7H$_2$O,5 g MnSO$_4$ • H$_2$O,10 g NaCl,1 g FeSO$_4$ • 7H$_2$O,1 g CaCl$_2$ • 2H$_2$O,1 g CoCl$_2$ • 6H$_2$O,1.3 g ZnCl$_2$,0.1 g CuSO$_4$ • 5H$_2$O,0.1 g AlK(SO$_4$)$_2$ • 12H$_2$O,0.1 g H$_3$BO$_3$,0.25 g Na$_2$MoO$_4$ • 2H$_2$O,0.25 g NiCl$_2$ • 6H$_2$O,0.25 g Na$_2$WO$_4$ • 2H$_2$O]。上述溶液灭菌后再加入过滤灭菌的 1 mL 的维生素存储溶液(每升含 2.0 g 生物素,2.0 g 叶酸,10.0 g 吡多素,5.0 g 核黄素,5.0 g 硫胺素,5.0 g 烟酸,5.0 g 泛酸,0.1 g 维生素 B$_{12}$,5.0 g 对氨基苯甲酸,5.0 g 硫辛酸)和 1 mL 氨基酸存储溶液(每升含 2 g L-谷氨酸,2 g L-精氨酸,2 g DL-丝氨酸)。[25]

细菌电致变色过程在 96 孔板中进行,96 孔板实验的过程为:100 μL 上述清洗重悬后的菌液被对应加入 96 孔板中,加入 80 μL 灭菌的 WO_3 电致变色纳米材料($5\ g \cdot L^{-1}$)的乳酸钠无机盐培养基悬浮液后,快速在每个孔中加入 80 μL 的无菌石蜡油以达到油封厌氧环境的效果,然后把 96 孔板置于 30 ℃ 恒温下静置,在 5 min、10 min、20 min、30 min 时监测各个孔的颜色变化,每次由 3 个 96 孔板平行实验作为对照。每株细菌在 96 孔板的初始加入浓度为 $1 \times 10^8 \sim 2 \times 10^8$ CFU/well。

为了验证 WO_3 电致变色纳米材料的生物相容性,并观测其与微生物之间的作用方式,在 96 孔板实验进行 30 min 后,从中取 *Shewanella oneidensis* MR-1 野生型细菌与 WO_3 电致变色纳米材料作用后的样品,通过直接显微镜(BX41,Olympus Co.,Japan)观测的方法观察细菌的活性,并通过扫描电子显微镜(SEM,JSM‒6700F,JEOL Co.,Japan)观察细菌与 WO_3 电致变色纳米材料的分布和作用方式。

绝对厌氧微生物 *Geobacter sulfurreducens* 和 *Pelobacter carbinolicus*(DSMZ 2380)则分别接种于 DSM 培养基 826 和 293 后,置于 30 ℃ 培养箱培养。[9,15] 在进行生物电致变色实验之前,把这两株细菌离心收集后重悬于相应培养基中,而后加入 WO_3 电致变色纳米材料观察,并用数码相机记录其颜色变化。所有操作均在厌氧手套箱(Bactron,Sheldon Manufacturing Inc.,USA)中进行。

为了检验细菌所分泌的电子穿梭体能否引发电致变色现象,我们将 66 mL 的两个玻璃半反应器用 0.45 μm 的微孔滤膜(Xiboshi Co.,Tianjin,China)分割开,分别在两个反应器中加入清洗重悬后的 *Shewanella oneidensis* MR-1 野生型细菌菌液和灭菌的 WO_3 电致变色纳米材料($5\ g \cdot L^{-1}$)的乳酸钠无机盐培养基悬浮液,两边通入氮气并保持厌氧状态后于 30 ℃ 恒温下培养,记录其中 WO_3 电致变色纳米材料的颜色变化。

3.1.3

细菌胞外电子转移能力的可视化高通量表征

为了可视化表征微生物的胞外电子转移能力,从一台运行稳定的生物反应器厌氧污泥中分离出 12 株细菌,然后按照上述 *Shewanella oneidensis* MR-1 野生型细菌及其基因突变菌株的处理方法,同样将其置于 96 孔板中以检测其生物电致变色性能。96 孔板在加样完成后的颜色变化通过扫描仪（1248US，UNIS Co.，China）成像，得到的照片利用 Image-Pro Plus software（Version 6.0，Media Cybernetics Inc.，USA）软件来分析各个孔的平均变色程度，用于表征孔的着色程度，之后用数据分析软件 Social Sciences version 18.0（SPSS Inc.，USA）来分析各个孔的平均变色程度与相对应的菌株在 MFC 中的产电能力之间的相关性。

传统的 MFC 也同时被用来验证细菌的胞外电子转移能力。实验采用单室空气阴极 MFC 进行，用一块 3 cm×7 cm 的碳纸（GEFC Co.，China）作为阳极，用一块负载了 Pt（2 mg·cm^{-2}）的碳纸作为空气阴极，阴、阳极通过一个 1000 Ω 的电阻相连接，用数据采集装置（34970A，Agilent Inc.，USA）来监测电阻两端的电压变化，电流密度的计算以空气阴极的面积为基准。MFC 的阳极池中加入 400 mL 无菌乳酸钠培养基和 20 mL 如上处理的菌液后，通入高纯氮气 15 min，以形成需要的厌氧或微氧环境。

3.1.4

纯种胞外呼吸细菌的快速分离

以 WO$_3$ 电致变色纳米晶体为探针可以用来实现 ERB 的快速分离，以厌氧反应器中的污泥为菌源，采用夹心平板的方法进行该实验。夹心平板是由一层 LB 固体培养基和一层 WO$_3$ 电致变色纳米晶体固体培养基（含 5 g·L^{-1} WO$_3$，10 g·L^{-1} NaCl，20 g·L^{-1} 琼脂）以及夹在中间的细菌组成的。将菌源接种于无菌 LB 培养基中培养过夜后，涂布或者画线于准备好的 LB 固体培养基上，静止 20 min 后覆盖一层即将凝固的上述 WO$_3$ 电致变色纳米晶体固体培养基，冷却后置于 30 ℃ 恒温培养箱中培养，待有变色点出现后分开夹心培养基，分离变色点位置的细菌，然后重复上述方法直至得到纯种细菌。细菌的 DNA 提取和种群鉴定委托上海生物工程有限公司完成，通过 MEGA 3.1（www.megasoftware.net）构建基因树。

3.2

胞外呼吸细菌高通量分离和表征

3.2.1

WO₃电致变色纳米材料的结构分析

用水热法合成所得到的 WO₃ 电致变色纳米晶体的结构和形貌如图 3.1 所示。

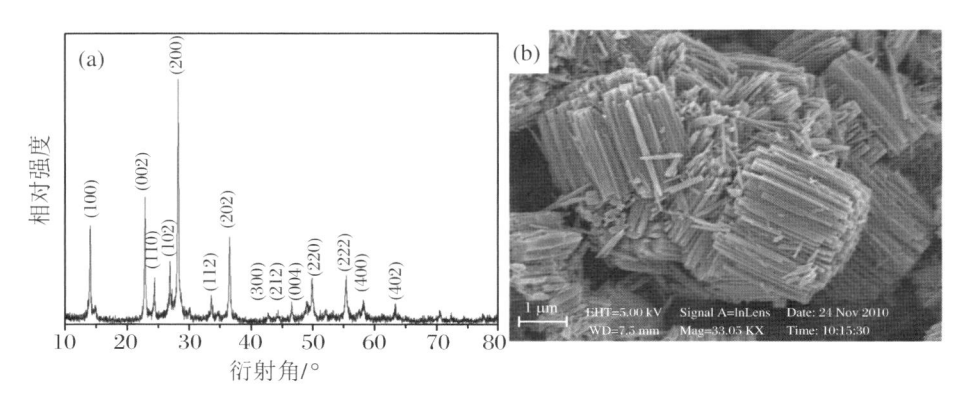

图 3.1　合成的 WO₃ 电致变色纳米晶体形态表征

（a）XRD 谱；（b）SEM 图像

通过与标准谱库对照发现，图 3.1(a)中的所有衍射峰都属于六角相的 WO₃ 结构(JCPDS 85-2460)，相应峰的归属也都在图 3.1(a)上标出，尖锐的峰形表示所制备的 WO₃ 电致变色纳米晶体具有很好的晶型，六方晶系的 WO₃ 空间群为 P6/mmm，该六方晶系 WO₃(h-WO₃)具有层状结构，每层 WO₆ 八面体共顶相连形成六元环，层与层之间沿(001)晶轴方向堆积。从 SEM 图(图 3.1(b))中可以看出，所得到的 WO₃ 电致变色纳米晶体是由长度为 3～5 μm 的纳米尺寸粗细的线聚集而成的。[18-23]

六角相的 WO₃ 纳米结构是被广泛研究的电致变色纳米材料，基本以纳米线形式存在。它的变色机理如 Faughnan 等提出的离子-电子注入模型所述[21]，六方晶系 WO₃(h-WO₃)具有层状结构，每层 WO₆ 八面体共顶相连形成六元环，层与层之间沿(001)晶轴方向堆积,在此方向上形成一维的六方通道和三方通道。而这些通道就是在电场作用下的正离子以及电子进入 WO_3 材料中间而形成钨青铜,从而发生变色现象的通道。纳米结构保证了 WO_3 材料具有较大的比表面积,也即具有较大的电致变色活性表面以及稳定的晶体结构。这些均有利于生物电致变色现象的快速发生。所用的 WO_3 纳米材料具有相对较大的体积(3~5 μm 的长度),故不会进入细菌体内。因此,所制备的 WO_3 纳米材料具有成为检测和表征 ERB 纳米探针的特点。

3.2.2

细菌与 WO_3 纳米材料间的电子传递机理解析

微生物和 WO_3 纳米材料之间与微生物和碳电极之间的电子传递机制是否相似,是此细菌电致变色方法能否用来快速分离和表征 ERB 的关键所在。因此,为了检验本方法的可行性,可选取 *Shewanella oneidensis* MR-1 野生型细菌及其相应的基因突变菌株于 96 孔板中进行评估实验。96 孔板里的接种细菌如表 3.1 所示。平板被分为上、下两部分,上半部分接种的是选取的 *Shewanella oneidensis* MR-1 野生型细菌及其相应的基因突变菌株,下半部分接种的是从厌氧反应器中分离出来的 12 株细菌,横行 A~D、纵列 1,横行 E、纵列 5~7 和横行 D、纵列 6 为未接种细菌的空白对照孔。

当细菌接入完毕开始培养后,观察发现细菌电致变色反应发生很快,基本是在上层石蜡油封加之后约 2 min 之内就能看到一定程度的变色现象,且变色的程度随时间延长而不断加深,5 min 后的变色如图 3.2(a)所示。从接种了 *Shewanella oneidensis* MR-1 野生型细菌及其相应基因突变菌株的上半部分可以看到,空白孔(横行 A~D、纵列 1,横行 E、纵列 5~7 和横行 D、纵列 6)没有明显的颜色变化,横行 A~D、纵列 3~6 也没有明显的颜色变化,而横行 A~D、纵列 2 和 7~12 均有明显的蓝色产生,即发生了明显的细菌电致变色现象。这些颜色随时间的延长而加深(图 3.2(b)~图 3.2(d)),到了 30 min 后细菌电致变色的孔之间的颜色差异已经较小。而原来没有颜色的孔基本保持无变色状态,横行 A~D、纵列 3~6 在培养 30 min 后隐约能看到略微的颜色产生。

对照表 3.1 中相应的菌株和它们在 96 孔板培养后的颜色变化(图 3.2)可以看出,当没有细菌加入时,单纯的 WO_3 纳米材料和培养基相互混合后不会有电致变色现象发生,即实验中 96 孔板内的颜色变化是由接入的细菌通过呼吸过

表 3.1 96 孔板对应菌株列表

	1	2	3	4	5	6	7	8	9	10	11	12
A	空白	野生型	ΔSO1776 (ΔmtrB)	ΔSO1777 (ΔmtrA)	ΔSO1778/1779 (ΔomcA/mtrC)	ΔSO4591 (ΔcymA)	ΔSO4666 (ΔfccA)	ΔSO0970 (ΔcctA)	ΔSO3980 (ΔnrfA)	ΔSO1427 (ΔdmsC)	ΔSO1716 (ΔsorB)	ΔSO2727 (ΔcctA)
B	空白	野生型	ΔSO1776 (ΔmtrB)	ΔSO1777 (ΔmtrA)	ΔSO1778/1779 (ΔomcA/mtrC)	ΔSO4591 (ΔcymA)	ΔSO4666 (ΔfccA)	ΔSO0970 (ΔcctA)	ΔSO3980 (ΔnrfA)	ΔSO1427 (ΔdmsC)	ΔSO1716 (ΔsorB)	ΔSO2727 (ΔcctA)
C	空白	野生型	ΔSO1776 (ΔmtrB)	ΔSO1777 (ΔmtrA)	ΔSO1778/1779 (ΔomcA/mtrC)	ΔSO4591 (ΔcymA)	ΔSO4666 (ΔfccA)	ΔSO0970 (ΔcctA)	ΔSO3980 (ΔnrfA)	ΔSO1427 (ΔdmsC)	ΔSO1716 (ΔsorB)	ΔSO2727 (ΔcctA)
D	空白	野生型	ΔSO1776 (ΔmtrB)	ΔSO1777 (ΔmtrA)	ΔSO1778/1779 (ΔomcA/mtrC)	空白	ΔSO4666 (ΔfccA)	ΔSO0970 (ΔcctA)	ΔSO3980 (ΔnrfA)	ΔSO1427 (ΔdmsC)	ΔSO1716 (ΔsorB)	ΔSO2727 (ΔcctA)
E	UK-1	UK-2	UK-3	UK-4	空白	空白	UK-7	UK-8	UK-9	UK-10	UK-11	UK-12
F	UK-1	UK-2	UK-3	UK-4	UK-5	UK-6	UK-7	UK-8	UK-9	UK-10	UK-11	UK-12
G	UK-1	UK-2	UK-3	UK-4	UK-5	UK-6	UK-7	UK-8	UK-9	UK-10	UK-11	UK-12
H	UK-1	UK-2	UK-3	UK-4	UK-5	UK-6	UK-7	UK-8	UK-9	UK-10	UK-11	UK-12

◁ 电极变色效果利用于胞外呼吸到细菌高通量分离和鉴定

程产生胞外电子传递到 WO_3 纳米材料而生成蓝色钨青铜引起的。横行 A～D、纵列 2，即 Shewanella oneidensis MR-1 的野生型细菌，能在很短的时间内诱发细菌电致变色现象，亦即它可以很快地通过特定路径将电子传递给 WO_3 纳米材料；而横行 A～D、纵列 3～6 在相当长的时间内没有明显的变色现象发生，即这些突变菌株无法实现对 WO_3 纳米材料的胞外电子传递；横行 A～D、纵列 7～12 的颜色变化则表明它们与野生菌类似，也能实现对 WO_3 纳米材料的胞外电子传递过程。也就是说，敲除了细胞色素的突变菌株 $\Delta mtrA$、$\Delta mtrB$ 以及复合 $\Delta omcA$、$\Delta mtrC$ 和 $\Delta cymA$，没有办法实现对 WO_3 纳米材料的胞外电子传递，即微生物与 WO_3 纳米材料的胞外电子传递与这几种细胞色素密切相关，而与其他的一些细胞色素（如横行 A～D、纵列 7～12 中所列的细胞色素）没有明显相关性。[10,24]

图 3.2　96 孔板培养一定时间后的图像

（a）培养时间为 5 min；（b）培养时间为 10 min；（c）培养时间为 20 min；（d）培养时间为 30 min

在上述 96 孔板实验结束后，取 Shewanella oneidensis MR-1 野生型细菌与 WO_3 纳米材料的混合物进行镜检，发现大部分细菌，包括黏附在 WO_3 纳米材料上的细菌，均保持着活性，且在观察过程中还不断发现有细菌靠近或黏附于 WO_3 纳米材料上。这些都证实了 WO_3 纳米材料具有很好的生物相容性，也保持了在生物电致变色过程前、后所加入的细菌数量的稳定性和一致性，为生物电致变色颜色变化程度和细菌胞外电子传递能力强弱的相关性提供了保障。

SEM 照片（图 3.3）也表明了细菌在和 WO_3 纳米材料作用产生生物电致变

色的过程中,会黏附于纳米材料上发生直接的相互接触,从图中还可以看出由于实验过程中的一些搅拌混匀操作,使得 WO$_3$ 纳米材料团簇分离成微米级长短、纳米级粗细的纳米针状结构。

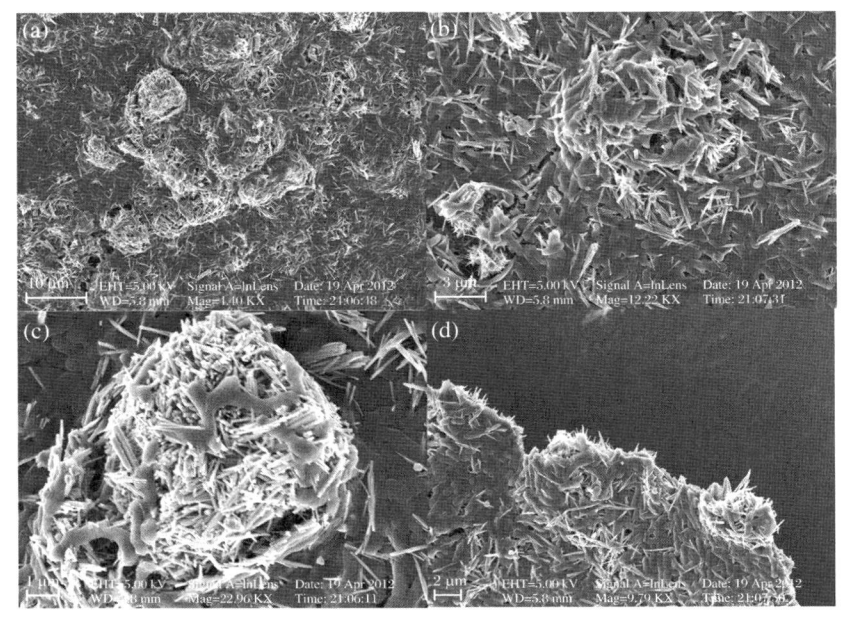

图 3.3　*Shewanella oneidensis* MR-1 野生型细菌与 WO$_3$ 纳米材料作用后不同标尺的 SEM 图片

　　为了检验 *Shewanella oneidensis* MR-1 野生型细菌在生命活动中所分泌的电子穿梭体是否也发生生物电致变色现象,所采用的微孔滤膜分隔双室反应器在培养 24 h 前、后的变化如图 3.4 所示。在培养 12 h 后,WO$_3$ 纳米材料半反应器内就能观测到明显的电致变色现象,这种现象随着时间的推移而不断增强。24 h 培养的图片如图 3.4(b)所示,可以在 WO$_3$ 纳米材料半反应器内观察到明显的电致变色现象。两个玻璃半反应器是通过细菌无法通过的微孔滤膜分隔的,因此这种电致变色现象的发生是由于细菌所分泌的物质携带电子通过滤膜渗透传递给 WO$_3$ 纳米材料的,这可以由图 3.4(a)和图 3.4(b)中两个半反应器的液面差变化得到验证。这些渗透过的物质是由细菌分泌的,能够被细菌还原,并能够把被细菌还原过程中所得到的电子传递给胞外固体电子受体(WO$_3$ 纳米材料),故其推测为电子穿梭体(mediator)。[25] 上述结果也表明,细菌和 WO$_3$ 纳米材料之间可以通过电子穿梭体实现有一定距离间隔的电子传递过程,这个变色过程也包含在 96 孔板实验的变色中。

　　结合 96 孔板基因敲除菌株变色比较、显微镜镜检结果、SEM 观察结果和微孔滤膜分隔反应器变色结果推断,*Shewanella oneidensis* MR-1 野生型细菌作为典型的 ERB,它与 WO$_3$ 纳米材料之间的电子传递过程是一个复合过程,如图 3.5 所示,既能通过 ERB 的细胞色素与 WO$_3$ 纳米材料之间直接的接触进行电子传递,也能通过 ERB 所分泌的电子穿梭体来实现有一定距离间隔的电子传递过程。

图 3.4 微孔滤膜分隔双室反应器在培养 24 h 前(a)、后(b)的对比

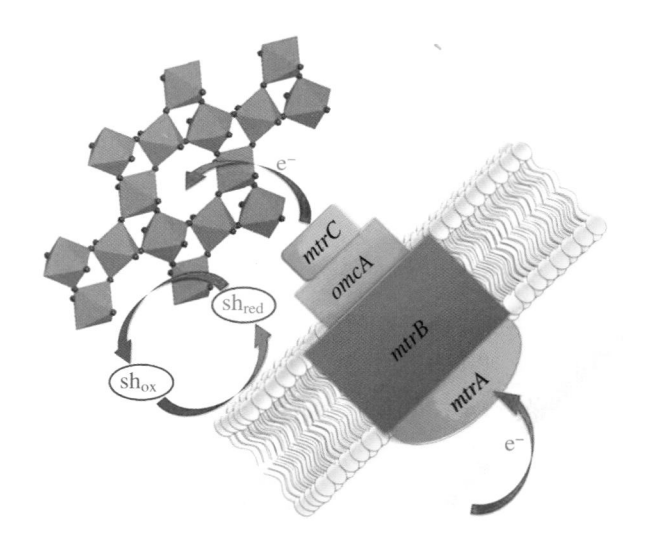

图 3.5 *Shewanella oneidensis* MR-1 野生型细菌与
WO$_3$ 纳米材料之间的电子传递过程

3.2.3

细菌电致变色现象检测细菌电化学活性的验证

Bretschger 等的研究结果表明,*Shewanella oneidensis* MR-1 野生型细菌作

为典型的 ERB，它与碳电极的胞外电子传递与细胞色素 *mtrA*、*mtrB* 以及复合 *omcA*、*mtrC* 和 *cymA* 也是相关的，而与其他的细胞色素则关系不大。[10,24] 文献报道的表 3.1 所示 *Shewanella oneidensis* MR-1 野生型细菌和相应的基因突变菌株的胞外电子传递能力，与图 3.2 中相应孔的变色深浅相也具有很高的复合度。因此可以推测，微生物和 WO₃ 纳米材料之间与微生物和碳电极之间的电子传递过程类似，均涉及同样的细胞色素，且均可以通过电子穿梭体来实现电子传递。

为了进一步验证用 WO₃ 电致变色纳米材料为探针来快速表征筛选 ERB 的可靠性，我们利用另一株模式 ERB *Geobacter sulfurreducens* 和被证实具有异化金属还原能力但基本不能在 MFC 中产电的细菌 *Pelobacter carbinolicus* (DSMZ 2380)，来检测它们的生物电致变色性能和产电能力是否具有一致性。[8,15] 如图 3.6 所示，对于 *Geobacter sulfurreducens*，当它与 WO₃ 纳米材料混合培养 10 min 后就能观察到电致变色现象，变色程度随着时间的延长而加深，30 min 后的效果如图 3.6(a)所示。

图 3.6　*Geobacter sulfurreducens*（a）和 *Pelobacter carbinolicus*（b）的生物电致变色现象对比

图中 3 个厌氧管依次是细菌、WO₃ 以及细菌和 WO₃ 的混合培养

对于证实具有异化金属还原能力但是基本不能在 MFC 中产电的细菌 *Pelobacter carbinolicus*（DSMZ 2380），在培养观察的 30 min 内无明显的变色现象发生（图 3.6(b)）。这进一步验证了用 WO₃ 电致变色纳米材料为探针来快速筛选 ERB 方法的可靠性。[8,15]

可以推断，对于 96 孔板（图 3.2 和表 3.1）中横行 E～H、纵列 1～3 和横行 F～H、纵列 6 对应的分离所得的细菌，应该是具有胞外电子传递能力的 ERB，且横行 E～H 及纵列 1、2 中的 ERB 具有相对较高的胞外电子转移能力，横行 F～H、纵列 6 的相对较弱，而横行 F～H 及纵列 4、5、7～12 中对应的细菌则不具有胞外电子转移能力，即不属于 ERB。

3.2.4

细菌电致变色程度及其电化学活性的相关性分析

以横行 A~D、纵列 1(即空白)为对照,横行 A~D、纵列 2 接种的菌株(即 *Shewanella oneidensis* MR-1 野生菌)为 No.1,横行 A~D、纵列 3 接种的菌株为 No.2,以此类推,横行 F~H、纵列 12 对应的菌株则为 No.23。以这些细菌接种 MFC 的电流密度平均值来表示这些细菌的胞外电子转移能力,以 96 孔板接种培养 5 min 后各个细菌对应孔平均变色程度的平均值来表示其所造成的电致变色程度。

对于细菌 No.12、17 和 22,它们接种的 MFC 的产电曲线和对应的 96 孔板的变色程度如图 3.7(a)所示。不难看出,相对而言 MFC 中具有最大电流密度的菌株 No.12 在 96 孔板中颜色最深,菌株 No.17 的电流密度和变色程度次之,而菌株 No.22 接种至 MFC 中几乎没有电流产生,在 96 孔板中也基本没有细菌电致变色现象产生。所有接种在 96 孔板的细菌培养 5 min 后所对应孔的平均变色程度的平均值如图 3.7(b)所示。可以看出,菌株 No.1、6~14 均具有较好的电致变色性能,即胞外电子转移能力强,能把呼吸作用产生的大量电子转移给 WO₃ 电致变色纳米材料,这些细菌中 No.1、6~12 的胞外电子转移能力已被文献报道[10,24],No.13~15 的产电能力也通过实验进行了验证。选取 10 株典型的细菌,以它们在同样构型的 MFC 中的电流密度为 x 轴,以在同一批 96 孔板实验所得到的平均变色程度为 y 轴作图,可得到图 3.7(c)。该图显示电流密度和平均变色程度之间具有正相关的关系,统计分析得到它们的斯皮尔曼相关系数 ρ($P < 0.01$)为 0.833。

通过这种方法我们可以在 5 min 之内对细菌是否为 ERB 进行高通量的判定,且可根据它们相应的变色程度来定量评价细菌的胞外电子转移能力。实验所需要的是廉价的 WO₃ 材料、商业化的 96 孔板、通用的培养基和普通的扫描仪,不同于其他方法需要特别加工的仪器和相应的数据采集装置。本实验操作较简单,无需特定的培训,与以前用各种 MFC 方法所需要的长于 5 天相比,本方法耗时大大缩短,仅需 5 min。该方法采用 96 孔板就可以实现对微量样品的高通量表征,因此具有很好的应用前景。

▷ 电致变色纳米材料用于胞外呼吸细菌高通量分离和表征

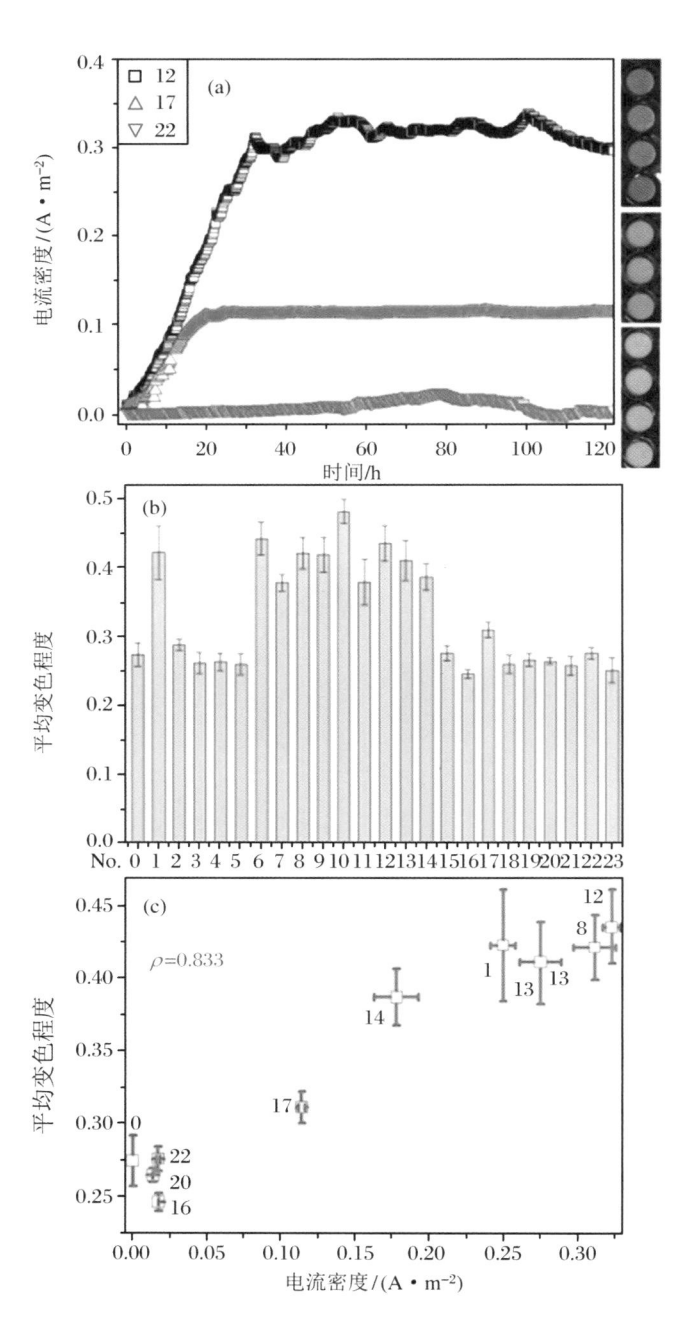

图3.7 细菌电致变色程度和对应的胞外电子转移能力的
相关性分析

(a) 菌株 12、17 和 22 接种的 MFC 的产电能力和相应的 96
孔板的变色状况;(b) 以平均变色程度表达的 96 孔板接种
菌株所对应的颜色变化程度;(c) 典型细菌接种的 MFC 的
产电能力和其相应的平均变色程度的相关性分析

3.2.5

快速分离所得纯种胞外呼吸细菌的菌种鉴定和电化学活性表征

如上所述,纯种的 ERB 可以采用如图 3.8 所示的夹心平板法进行分离,平板的 LB 固态培养基层为细菌的生长提供了营养,而 WO_3 层则为 ERB 提供电子受体从而引发细菌电致变色现象,夹心层的设计也提供了一个厌氧或者微氧细菌的生长环境和电子传递条件。

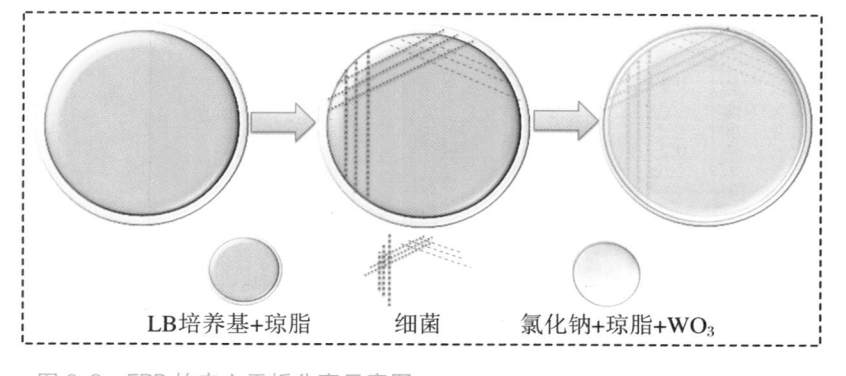

LB培养基+琼脂　　　　细菌　　　　氯化钠+琼脂+WO_3

图 3.8　ERB 的夹心平板分离示意图

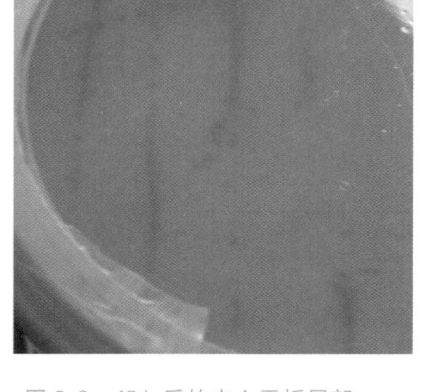

图 3.9　48 h 后的夹心平板局部

细菌是在夹心层中间生长且初始浓度较低,因此细菌电致变色所需要的时间较长,需要 24～30 h 才能看到明显的细菌电致变色现象,而单克隆引发的细菌电致变色现象则需要 48 h 左右才能清晰地观察到,如图 3.9 所示。

通过上述方法经过多次分离纯化后得到的 3 株胞外电子传递能力较好的 ERB,分别以代号 WO-1、WO-2 和 WO-3 命名,根据它们的菌种鉴定结果采用相邻连接法构建了系统进化树,如图 3.10 所示。

根据菌种鉴定结果,得到它们的 16S rRNA 基因序列(WO-1:1305 个核苷酸;WO-2:1406 个核苷酸;WO-3:1202 个核苷酸),序列分解结果显示 WO-1 属

于 *Kluyvera*，WO-2 和 WO-3 分别属于 *Shewanella* 和 *Proteus*（图 3.10，表 3.2）。将这 3 株细菌接种于同样结构的 MFC 中并测试它们的电子传递能力，如表 3.2 所示。接种了细菌 *Kluyvera cryocrescens* TS IW 13 的 MFC 能产生最大的电流密度［(0.323±0.006) A·m⁻²］，接种了 *Shewanella putrefaciens* CN-32 的次之，而接种了 WO-3 即 *Proteus* sp. SBP10 的 MFC 产生的电流密度最小。

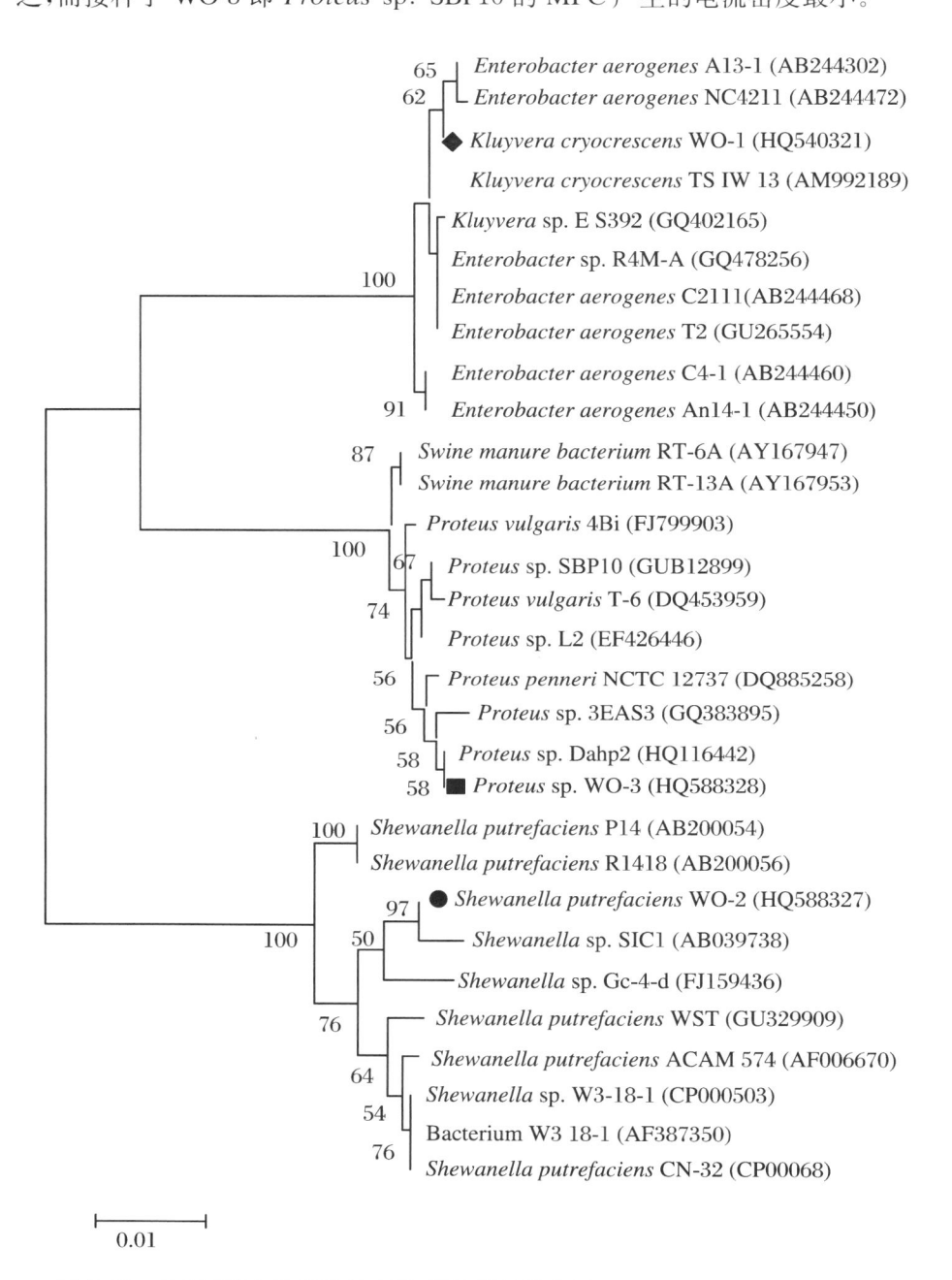

图 3.10　分离所得 3 株 ERB 的 16S rRNA 系统进化树

▷ 第3章

表 3.2　通过夹心平板法分离所得 3 株 ERB 的归属及相应的产电能力

序号	归属（编号）	相似度	电流密度/(A·m^{-2})
WO-1	*Kluyvera cryocrescens* TS IW 13 (AM992189)	99%	0.323 ± 0.006
WO-2	*Shewanella putrefaciens* CN-32 (CP000681.1)	99%	0.275 ± 0.014
WO-3	*Proteus* sp. SBP10 (GU812899.1)	99%	0.178 ± 0.015

　　因此,利用该方法也可以简单、快速、有选择性地进行 ERB 的批量分离,随后的 MFC 产电结果也验证了这种分离方法的可靠性。在我们所得的 3 株细菌中,具有最高胞外电子传递能力的 ERB WO-1(即 *Kluyvera cryocrescens* TS IW 13),迄今为止尚无文献报道这类细菌具备产电能力。这说明该方法为分离新种属的 ERB 提供了一种简单、有效、高选择性的途径。

　　本章基于 ERB 与电致变色纳米材料 WO$_3$ 之间直接的界面电子传递过程,建立了以 WO$_3$ 电致变色材料为探针的快速、高效、廉价、灵敏、高通量、高选择性的可视化 ERB 筛选和评估方法,其工作原理如图 3.11 所示。

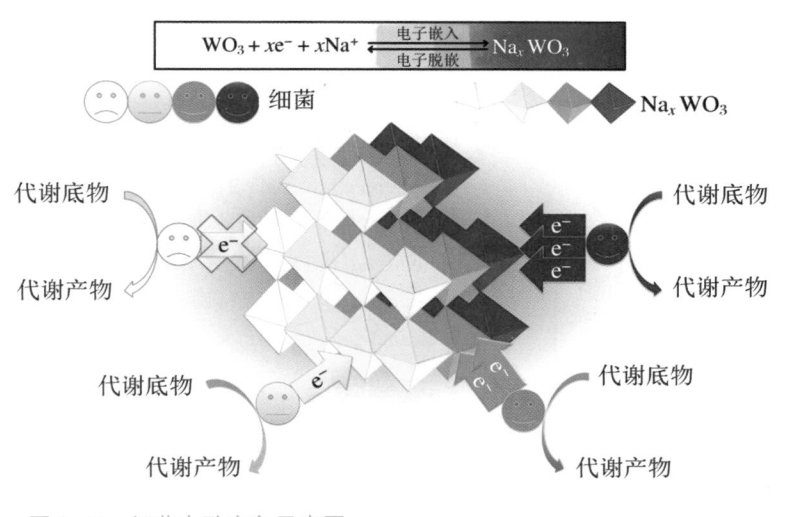

图 3.11　细菌电致变色示意图

　　本章利用 ERB 的代表菌株 *Shewanella oneidensis* MR-1 野生型细菌及其基因突变菌株,以及绝对厌氧细菌 *Geobacter sulfurreducens* 和 *Pelobacter carbinolicus*(DSMZ 2380),检测了它们的生物电致变色性能和产电能力是否具有一致性,证实了微生物到 WO$_3$ 电致变色材料有着与微生物到碳电极类似的电子传递机制,检验了这种方法的可行性和合理性;在 96 孔板实验中 5 min 后细菌引发的电致变色程度和细菌在 MFC 中的产电能力之间存在良好的相关性，证实了这种方法的快速和可靠；采用这种方法可从厌氧反应器中快速分离得到 3 株 ERB，这种方法还可能拓展到对 ERB 的细胞色素 C 的功能鉴定上。[26-27]

该方法具有以下优点：廉价（只需要廉价的化学试剂和 96 孔板、扫描仪等）、易操作（简单的固定化加样操作）、高效（只需要 5 min 就能达到细菌电致变色效果）、高通量（96 孔板）、灵敏（可视化、对比度高）。因此，该方法具有广阔的应用前景和潜在的商业价值。

参考文献

[1] Santoro C，Arbizzani C，Erable B，et al. Microbial fuel cells：from fundamentals to applications：a review [J]. Journal of Power Sources，2017(356)：225-244.

[2] Gao Y，Mohammadifar M，Choi S. From microbial fuel cells to biobatteries：moving toward on-demand micropower generation for small-scale single-use applications [J]. Advanced Materials Technologies，2019(4)：1900079.

[3] Cao Y，Li X，Li F，et al. CRISPRi-sRNA：transcriptional-translational regulation of extracellular electron transfer in Shewanella oneidensis [J]. ACS Synthetic Biology，2017(6)：1679-1690.

[4] Liu T，Yu Y Y，Chen T，et al. A synthetic microbial consortium of Shewanella and Bacillus for enhanced generation of bioelectricity [J]. Biotechnology and Bioengineering，2017(114)：526-532.

[5] Slate A J，Whitehead K A，Brownson D A C，et al. Microbial fuel cells：an overview of current technology [J]. Renewable & Sustainable Energy Reviews，2019(101)：60-81.

[6] Lu Z，Chang D，Ma J，et al. Behavior of metal ions in bioelectrochemical systems：a review [J]. Journal of Power Sources，2015(275)：243-260.

[7] Gang H，Xiao C，Xiao Y，et al. Proteomic analysis of the reduction and resistance mechanisms of *Shewanella oneidensis* MR-1 under long-term hexavalent chromium stress [J]. Environment International，2019(127)：94-102.

[8] Kumar R，Singh L，Zularisam A W. Exoelectrogens：recent advances in molecular drivers involved in extracellular electron transfer and strategies used to improve it for microbial fuel cell applications [J]. Renewable & Sus-

tainable Energy Reviews，2016（56）：1322-1336.

[9] Zhao N N，Treu L，Angelidaki I，et al. Exoelectrogenic anaerobic granular sludge for simultaneous electricity generation and wastewater treatment [J]. Environmental Science & Technology，2019(53)：12130-12140.

[10] Myung J，Yang W，Saikaly P，et al. Copper current collectors reduce long-term fouling of air cathodes in microbial fuel cells [J]. Environmental Science-Water Research & Technology，2018(4)：513-519.

[11] Reimers C E，Li C，Graw M F，et al. The identification of cable bacteria attached to the anode of a benthic microbial fuel cell：evidence of long distance extracellular electron transport to electrodes [J]. Frontiers in Microbiology，2017(8)：2055.

[12] Logan B E，Rossi R，Ragab A，et al. Electroactive microorganisms in bioelectrochemical systems [J]. Nature Reviews Microbiology，2019（17）：307-319.

[13] Cooper R E，DiChristina T J. Fe(Ⅲ) oxide reduction by anaerobic biofilm formation-deficients-ribosylhomocysteine lyase (LuxS) mutant of *Shewanella oneidensis* [J]. Geomicrobiology Journal，2019(36)：639-650.

[14] Hassan E. Bacterial mediated alleviation of heavy metal stress and decreased accumulation of metals in plant tissues：mechanisms and future prospects [J]. Ecotoxicology and Environmental Safety，2018(147)：175-191.

[15] Jiang B，Zeng Q，Liu J，et al. Enhanced treatment performance of phenol wastewater and membrane antifouling by biochar-assisted [J]. Bioresource Technology，2020(306)：123147.

[16] Tahernia M，Mohammadifar M，GaoY，et al. A 96-well high-throughput，rapid-screening platform of extracellular electron transfer in microbial fuel cells[J]. Biosensors and Bioelectronics，2020(162)：112259.

[17] Sun M，Zhai L F，Li W W，et al. Harvest and utilization of chemical energy in wastes by microbial fuel cells [J]. Chemical Society Reviews，2016（45）：2847-2870.

[18] Li Z，Wang J，Li Y，et al. Self-assembled DNA nanomaterials with highly programmed structures and functions [J]. Materials Chemistry Frontiers，2018(2)：423-436.

[19] Yun T G，Park M，Kim D H，et al. All-transparent stretchable electrochromic super-capacitor wearable patch device [J]. ACS Nano，2019(13)：3141-

3150.

[20] Li Y, McMaster W A, Wei H, et al. Enhanced electrochromic properties of WO$_3$ nanotree-like structures synthesized via a two-step solvothermal process showing promise for electrochromic window application [J]. ACS Applied Nano Materials, 2018(6): 2552-2558.

[21] Kadam A V, Bhosale N Y, Patil S B, et al. Fabrication of an electrochromic device by using WO$_3$ thin films synthesized using facile single-step hydrothermal process [J]. Thin Solid Films, 2019(673): 86-93.

[22] Wang S, Fan W, Liu Z, et al. Advances on tungsten oxide based photochromic materials: strategies to improve their photochromic properties [J]. Journal of Materials Chemistry C, 2018(6): 191-212.

[23] Shen W G, Huo X T, Zhang M, et al. Synthesis of oriented core/shell hexagonal tungsten oxide/amorphous titanium dioxide nanorod arrays and its electrochromic-pseudocapacitive properties [J]. Applied Surface Science, 2020(515): 146034.

[24] Yang W, Kim K Y, Saikaly P E, et al. The impact of new cathode materials relative to baseline performance of microbial fuel cells all with the same architecture and solution chemistry [J]. Energy Environment & Science, 2017(10): 1025-1033.

[25] Light S H, Su L, Rivera-Lugo R, et al. A flavin-based extracellular electron transfer mechanism in diverse Gram-positive bacteria [J]. Nature, 2018 (562): 140-144.

[26] Subramanian P, Pirbadian S, El-Naggar M Y, et al. Ultrastructure of *Shewanella oneidensis* MR-1 nanowires revealed by electron cryotomography [J]. Proceedings of the National Academy of Sciences of the United States of America, 2018(115): 3246-3255.

[27] Monteverde D R, Sylvan J B, Suffridge C, et al. Distribution of extracellular flavins in a coastal marine basin and their relationship to redox gradients and microbial community members [J]. Environmental Science & Technology, 2018(52): 12265-12274.

第 —— **4** —— 章

细菌胞外电子促进光电催化降解有机污染物

ERB 所具有的独特的胞外电子转移能力,使之可以氧化包括许多有毒化合物在内的有机底物,同时实现铁锰氧化物、有毒重金属等的还原,这在环境修复、生物冶金以及地球化学方面均有着重要的研究意义和实用价值。[1-3] ERB 也能以碳电极作为电子受体,因此,以 ERB 为基础的新型燃料电池的研究在环境和能源领域都具有重要的价值。MFC 是一种以 ERB 为阳极生物催化剂催化降解有机底物形成电流的装置,被普遍认为是一种废水处理的新方法。[4-6]但目前所报道的 MFC 的开路电压最高只能达到 0.80 V,如何有效地原位利用 ERB 传递到胞外的电子和 MFC 产生的电能,是 ERB 和 MFC 研究的一个重要方向。[7-9]

无毒、廉价、高活性的 TiO_2 半导体纳米材料及其引发的光催化氧化技术,是一种具有广泛应用前景的污染物处理技术,成为近年来环境领域研究的热点。[10-16]但是其在光激发下发生电子跃迁所产生的光生电子和光生空穴能够快速再复合,从而限制了随后的催化氧化反应的进行,降低了 TiO_2 光催化反应的量子效率,这也是光催化技术实际应用的主要限制因素。[13,14,17,18]

为了抑制这一复合过程,提高催化效率,可通过光催化剂改性法和改变光催化条件来加快光生电子和光生空穴的分离速率。[19-29]研究发现,在对 TiO_2 薄膜覆盖的电极施加阳极偏压时,即使在很小的外加偏压下(<1 V)也能得到很高的光电催化效率,但是此反应需要消耗一定的电能,这成为其应用的限制因素。[30-34]

以 ERB 为阳极生物催化剂的 MFC,能够提供光电催化反应所需的这一偏压。因此,在本章中,我们把 ERB 产生的胞外电子,以 MFC 所产生的电流的形式施加于以 TiO_2 为催化剂的光电催化反应器上,以促进有机污染物的光电催化降解;把 ERB 所产生的胞外电子,通过外电路间接传递给 TiO_2 光催化剂,以促进其光生电子和光生空穴的分离。以对硝基苯酚为例,比较 MFC 为电源的光电催化反应降解速率与单纯的电催化和光催化反应降解速率,并分析体系中串联电阻和电解质浓度对降解效果的影响,探索此体系中污染物的降解途径和动力学。

4.1

细菌胞外电子促进污染物的设备搭建

4.1.1

细菌胞外电子促进光电催化反应器的构建和光电响应

用于传递 ERB 胞外电子的 MFC 促进光电催化反应器（MFC-assisted photoelectrocatalytic，MPEC）的构建如图 4.1 所示。MFC 采用单室空气阴极

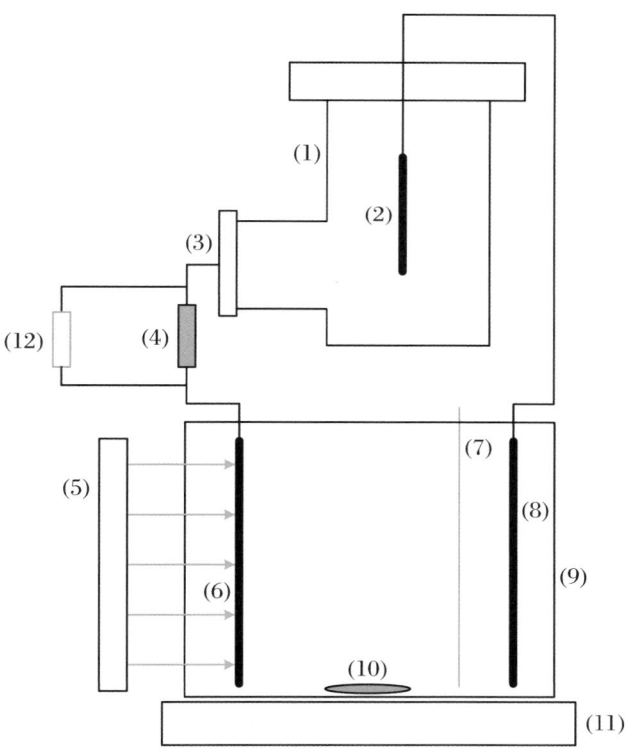

图 4.1　MPEC 结构示意图

（1）MFC；（2）生物阳极；（3）空气阴极；（4）外电阻；
（5）低压汞灯；（6）光阳极；（7）参比电极（SCE）；（8）阴
极；（9）PEC 反应器；（10）磁子；（11）磁力搅拌器；（12）数
据采集装置

MFC,用一块 3 cm×7 cm 的碳纸(GEFC Co.，China)作为阳极,用一块负载了 Pt(2 mg·cm^{-2})的碳纸作为空气阴极,空气阴极和阳极溶液之间用质子交换膜 (GEFC-10N，GEFC Co.，China)隔开。MFC 的阳极在反应器中富集培养了 2 个月,阳极碳纸表面形成了稳定的 ERB 群落,MFC 能稳定地输出电流。阳极体积为 430 mL,其中的培养基组成成分是:pH 为 7.0 的 50 mmol·L^{-1}磷酸盐缓冲液,1000 mg·L^{-1}乙酸钠,0.43 mL 常量元素(每升含 0.31 g NH$_4$Cl,0.31 g KCl,0.02 g MgCl$_2$·6H$_2$O 和 0.005 g FeCl$_2$)和 0.43 mL 微量元素[每升含 1.5 g NTA(C$_6$H$_9$NO$_6$),30 g MgSO$_4$·7H$_2$O,5 g MnSO$_4$·H$_2$O,10 g NaCl,1 g FeSO$_4$·7H$_2$O,1 g CaCl$_2$·2H$_2$O,1 g CoCl$_2$·6H$_2$O,1.3 g ZnCl$_2$,0.1 g CuSO$_4$·5H$_2$O,0.1 g AlK(SO$_4$)$_2$·12H$_2$O,0.1 g H$_3$BO$_3$,0.25 g Na$_2$MoO$_4$·2H$_2$O, 0.25 g NiCl$_2$·6H$_2$O,0.25 gNa$_2$WO$_4$·2H$_2$O]。MFC 和 MPEC 均在室温下运行。

光催化反应器是一个直径为 6 cm、高为 6.5 cm 的石英玻璃圆柱体,其中加入 150 mL 约 2.3 mmol·L^{-1}的对硝基苯酚(p-nitrophenol)溶液。自制的光电极和一块同样大小的碳纸分别作为光催化反应器的光阳极和阴极被相互平行地垂直放置在光催化反应器两侧,一个饱和甘汞电极(saturated calomel electrode,SCE)被用来作为参比电极插入光催化反应器中。光阳极是通过把 TiO$_2$薄膜覆盖在碳纸电极上制备的,制备方法如下:将 10% 质量分数的 TiO$_2$(P25, Dergussa Co.，Germany)粉末和聚乙二醇(PEG-400)混合加入 100 mL 乙醇中,超声 30 min 将其混合均匀后涂抹到一块 2.6 cm×5.3 cm 大小的碳纸上,在 120 ℃烘箱中蒸干乙醇后,置于马弗炉中 430 ℃煅烧 2 h 以完全除去聚乙二醇,光阳极上 TiO$_2$ 的负载量约为 0.075 g。

对所制备的 TiO$_2$ 光阳极上的 TiO$_2$ 晶型结构,采用 X 射线衍射(XRD，X′ Pert PRO，Philips Co.，the Netherlands)的方法进行表征,并利用扫描电子显微镜(SEM，JSM-6700F，JEOL Co.，Japan)观察其在光阳极上的分布情况。

MPEC 采用一个 30 W 的低压汞灯作为光源,低压汞灯位于光电催化反应器的外部距光阳极 10 cm 处。在光电催化反应中,0.01 mol·L^{-1}的 Na$_2$SO$_4$溶液作为光催化反应器的支持电解质,实验过程中也用到了 0.05 mol·L^{-1}、0.1 mol·L^{-1} 和 0.3 mol·L^{-1}的 Na$_2$SO$_4$ 支持电解质溶液,以研究光催化反应器中的离子强度对光催化效率和 MFC 输出功率的影响。光催化反应器中的溶液保持在室温下用一个磁力搅拌器不断搅拌,所有的实验均重复 3 次。MFC 和 PEC(光电催化反应器)直接通过一个电阻把 MFC 的空气阴极和 PEC 的光电极连接,并用数据采集装置(34970A，Agilent Inc.，USA)来监测电阻两端的电压变化,电流密度的计算以 MFC 空气阴极的面积为基准(图 4.1)。

为表征所用光电极在光催化反应器中的性能,采用线性扫描伏安法(linear sweep voltammetry,LSV)和电化学阻抗谱(Electrochemical impedance spectroscopy,EIS)来初步表征光电极的光电催化性能。线性扫描的电势扫描速度为 10 mV·s^{-1}。电化学阻抗谱最初的开路电压为 + 0.45 V,扫描频率从最高 10^5 Hz 到最低 0.01 Hz。EIS 所得结果通过 ZSimp Win 拟合的等效电路分析。这些电化学扫描通过连接电脑的电化学工作站(660C,CH Instruments,Inc.,USA)实现。反应过程中,MFC 的输出电压和 PEC 反应器的电极电势通过万用表(UT39A,UNIT Inc.,China)测定。

4.1.2

对硝基苯酚降解实验及其产物的分析检测

对硝基苯酚的浓度和吸收光谱是通过紫外可见分光光度计(UV-2401,Shimaze Co.,Japan)测试得到的。其在光电催化降解过程中的中间体产物则是利用 HPLC(高效液相色谱)和 GC-MS(气相色谱–质谱联用仪)来测定的。HPLC(1100,Agilent Inc.,USA)装备了 Hypersil-ODS 反相柱和 VWD 检测器,在 246 nm 通过标准加入法进行测定,所用的流动相为 0.1%乙酸:甲醇 = 60:40,流速为 0.8 ml·min^{-1}。GC-MS 的样品是采用三氯甲烷萃取降解过程中 PEC 反应器内的反应溶液经浓缩而得到的。GC-MS(Thermo Fisher Scientific,USA)采用 EI(电子轰击电离源)检测器、DB-5 检测柱,氦气载气,流速为 1.0 ml·min^{-1}。检测所得产物的 MS(质谱)与 NIST(美国国家标准与技术研究院)的标准谱库对比以确定中间产物种类。反应过程中,溶液的 TOC(总有机碳)浓度由 TOC 分析仪(V$_{CPN}$,Shimadzu Co.,Japan)测得。

4.2

细菌胞外电子促进光电催化降解有机污染物的过程与机制

4.2.1

光电催化反应器对外加光电的响应

光阳极是通过把 TiO_2 负载在碳纸上煅烧制备的，电极上 TiO_2 负载的状态和晶型直接决定了光催化反应的效率，也直接影响了光催化电极对外加光和外加偏压的响应，进而影响光电催化反应的效率。因此，可采用 SEM 和 XRD 对光阳极表面负载的 TiO_2 进行表征，并通过电化学方法对它的光电响应进行测定。

由图 4.2 可以看出，单纯的碳电极是由一根根彼此交错的碳纤维构成的网状结构[图 4.2(a)]，当 TiO_2 负载后，TiO_2 完全覆盖在碳电极上面，SEM 图上已无法观察到碳电极的纤维网状结构(图 4.2(b))，光阳极上负载的 TiO_2 整体呈现平面结构，平面上密集地分布着小孔，这是由于煅烧过程中原有的聚乙二醇燃烧气化后所留下的，聚乙二醇的加入能有效地防止 TiO_2 负载过程中的烧结问题。这样的结构增大了光阳极上负载 TiO_2 层的比表面积，增加了在光催化过程中光催化剂接受光照和与反应溶液的接触面积，进而提高了光阳极的光电催化性能。对于负载的 TiO_2 晶型，通过 XRD 谱图可以看出 TiO_2 负载后还是由锐钛矿型和金红石型混合而成的[图 4.2(c)]，没有属于其他晶型的峰出现，锐钛矿和金红石的比例约为 80∶20，且 TiO_2 负载前、后其晶型没有明显变化，即光阳极上 TiO_2 负载后仍保持原来 P25 的光电催化性能。[35] 所以所制备的光阳极保持了光催化剂原有的光催化性能，且呈现具有较大比表面积的蜂窝状多孔结构。

电化学方式可以有效地用来表征光电极以及光电催化反应池对光信号和电信号的响应。为了比较实验所用的光阳极和光电催化反应器的光电流和电化学电流，在光电催化反应器中加入 2.3 mmol · L^{-1} 对硝基苯酚和 0.01 mol · L^{-1} 硫酸钠溶液，在 10 mV · s^{-1} 的扫描速度下进行线性伏安法扫描得到如图 4.3(a)

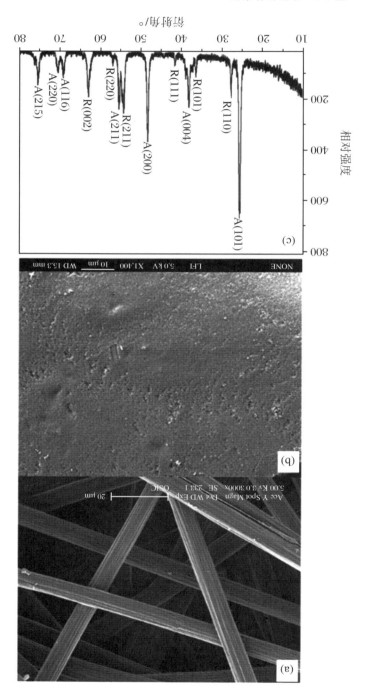

图 4.2 光阳极的表征

(a) 纯钛酸电极的 SEM 照片；(b) 负载了 TiO_2 的陶瓷电极即光阳极的 SEM 照片；(c) TiO_2 负载层的 XRD 图谱，其中 A 代表锐钛矿，R 代表金红石的晶格

所示的曲线。可以看出在没有紫外光照射的情况下,电流较小且随着外加电压的变化增大,速度也较缓慢。这是由于在没有紫外光照射的情况下,体系相当于单纯的电化学反应池,其中的电解质为 $0.01\ mol\cdot L^{-1}$ 的硫酸钠,离子强度较小而电阻较大,故在外加电压下所产生的电流较小。而在紫外光照射下,如图 4.3 (a)中的曲线 a 所示,相对于没有紫外光照射时具有更大的电流响应,这些电流的增加是因光阳极对紫外光的响应而引起的,紫外光引发光阳极上负载 TiO_2 半导体光催化剂的电子跃迁进而产生光生电子,而在外加偏压作用下光生电子作为载流子会从光阳极进入外电路,从而形成光生电流,也就造成了在紫外光照射下光电催化反应体系的电流增大,且在一定电压范围内光生电子的分离速率随着外加偏压的增加而增加,故在此范围内体系的光生电流也会随之增加,即光电电流和电化学电流的差值也随之增加。由图 4.3(a)也可以看出,当外加偏压为 $+0.2\ V$ 时,光电电流比光电流大 $0.122\ mA$,而当外加偏压达到 $+0.56\ V$ 时,电流差别已经增大到 $0.296\ mA$。这说明实验所用的光阳极和光电催化反应器均具有很好的光电响应,因此可以有效地进行光电催化降解反应。[36]

电化学阻抗谱作为一种直接而有效的电化学方法,被广泛应用于研究复杂电极反应的机理和动力学,而光电催化反应其实也就是发生在电极表面的有机物的降解反应,因此电化学阻抗谱也被用于研究光电催化反应体系的动力学。实验和理论研究都表明,光电催化体系的阻抗谱均由一个圆弧所构成,这说明在光电催化体系中所发生的电化学氧化反应、光催化和光电催化反应过程都是简单的电极反应过程,且圆弧的半径大小直接反映了光电催化反应的速率快慢,圆弧半径越大,则光电催化反应的速率就越低。[37]图 4.3(b)表明,没有偏压和紫外光的 Dark 条件下的阻抗谱具有最大的圆弧半径;当加了 $+0.45\ V$ 偏压之后的 EC 阻抗谱的圆弧半径略微减小;而加了紫外光之后的 PC 阻抗谱的圆弧半径进一步减小;既有外加 $+0.45\ V$ 的偏压又有紫外光照射的 PEC 阻抗谱具有最小的圆弧半径。这说明,此光电催化反应体系中的反应速率应该也是按此顺序逐渐增加的,即在既有外加偏压又有紫外光照射的光电催化条件下,此反应体系具有最大的反应速率。

阻抗谱能够反映光电催化反应速率快慢的原因,可以从阻抗谱的等效电路方面得到进一步解释。对于只有一个圆弧的光电催化反应,其等效电路如图 4.4 所示,其中 R_s 代表体系中溶液的阻抗,R_t 代表电子转移阻抗,C_{dl} 代表双电层的电容,等效电路是由 R_t 和 C_{dl} 并联后再与 R_s 串联所组成的,这些阻抗的数值可以通过 ZSimp Win 软件拟合得到。

▷ 第4章

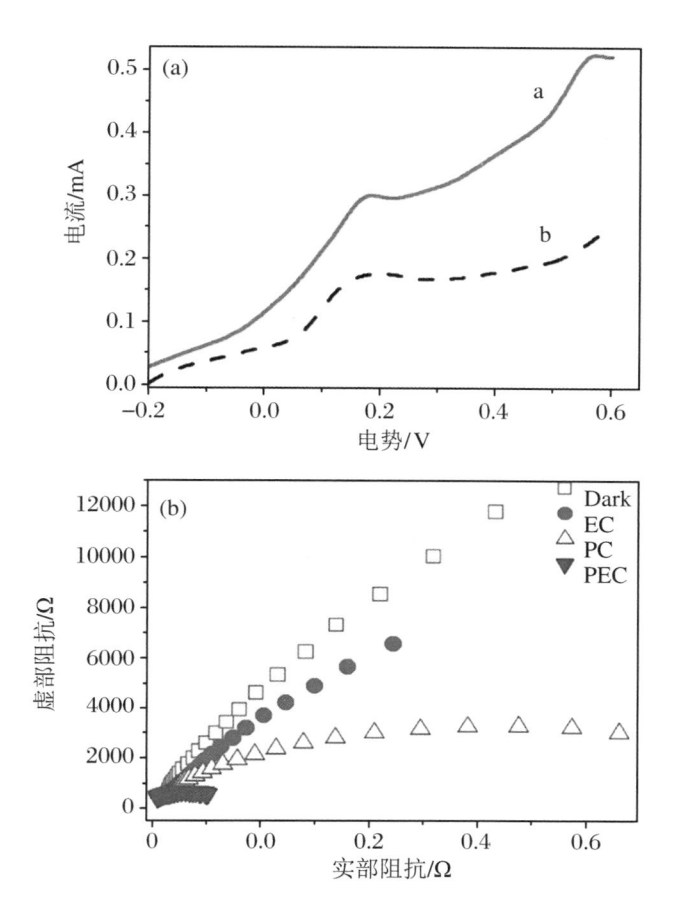

图 4.3　光阳极及光电催化反应器的电化学表征

（a）10 mV・s⁻¹速度下的线性扫描循环伏安曲线，其中曲线 a 为有紫外光照射的情况，b 为没有紫外光照射的情况；（b）光电催化反应器在不同条件下的阻抗谱，其中 Dark 代表无外加偏压无紫外光照射的情况，EC 代表外加 +0.45 V 的偏压但没有紫外光照射的情况，PC 代表无外加偏压但有紫外光照射的情况，PEC 代表有 +0.45 V 的外加偏压且有紫外光照射的情况

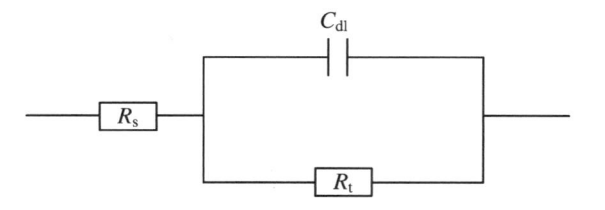

图 4.4　光电催化体系的等效电路

066

胞外呼吸细菌与纳米材料间的电子传递机理与污染控制应用

对于此等效电路的阻抗谱,其半径大小是由 R_t 所决定的,而 R_t 也反映了光电催化电极表面的光生电子和光生空穴的分离效率,因此也就能代表光电催化反应体系的反应速率。通过 ZSimp Win 软件拟合得到既没有外加偏压又没有紫外光的条件下 R_t 最大(2.06×10^6 Ω);单纯的外加偏压和单纯的外加紫外光条件下 R_t 均有减小,R_t 分别为 1.35×10^4 Ω 和 7.56×10^3 Ω;而既有外加偏压又有紫外光的条件下 R_t 会大大减少到 526 Ω,即在此情况下该反应体系具有最小的电荷转移阻抗、最大的光生电子和光生空穴分离效率,因而具有最大的光电催化降解反应速率。

综上所述,所制备的光电极和所采用的光电催化反应器均具有很好的光电响应,可以预期它们在 MPEC 体系中会具有很好的光电催化性能。

4.2.2

细菌胞外电子促进光电催化反应器对光信号的响应

在所构建的用于传递 ERB 胞外电子的 MFC 促进光电催化反应体系(MPEC)中,MFC 和 PEC 通过一个 10 Ω 的电阻相连,当光电催化反应开始时施加紫外光至 PEC 的光阳极表面,MPEC 体系一些参量的相应变化如图 4.5 所示。为了构建 MPEC 体系,需要把 MFC 的阴、阳极断开,然后分别把 MFC 的空气阴极和 PEC 的光阳极以及 MFC 的生物阳极和 PEC 的阴极相连接,如图 4.1 所示。MFC 处于开路状态,其开路电压较稳定且运行电压大,所以当 MFC 与 PEC 刚刚连接上的时候,MFC 的两极通过 PEC 再次形成通路,从而 MFC 的输出电压会由开路电压下降至稳定运行的状态。而 MFC 输出电压和 PEC 的输入电压仅相差一个 10 Ω 电阻的分压,因此 PEC 的输入电压在初始的 0.05 h 也具有类似的趋势,相应地,MPEC 体系的电流也随电压的降低而降低到一个相对稳定的状态(27.6 mA·m^{-2}),如图 4.5(a)和图 4.5(b)所示。PEC 的输入电压为其光阳极和阴极电池的差值,因此初始阶段 PEC 光阳极和阴极的电极电势也会相应随之变化,如图 4.5(c)所示。

当施加紫外光至 PEC 的光阳极时,光催化剂表面的光生电子会在偏压作用下流向 MFC 的空气阴极,即产生光电流,从而体系的电流密度随紫外光的施加而增加[图 4.5(a)]。0.05 h 后随着紫外光的施加,MPEC 体系的电流密度随之增加,大约在 0.075 h 后稳定至 63.9 mA·m^{-2}。根据前面阻抗谱所得到的结果,随着紫外光的照射,光电极表面的电荷转移阻抗大大降低,而 PEC 体系的阻抗也相应地降低。对 MFC 来说,相当于外电阻减小,所以其输出电压相应减小

▷ 第4章

后稳定,而 PEC 的输入电压等于 MFC 输出电压减去 10 Ω 电阻两端的分压,MFC 的输出电压减小而体系的电流密度增加,即 10 Ω 电阻两端的分压增加,所以 PEC 的输入电压随之减小,PEC 体系内的光阳极和阴极的电极电势也相应地发生变化至稳定。参照上面 LSV 和 EIS 的结果,稳定状态时 PEC 的输入电压(约为 0.489 V)和光阳极的电极电势(约为 +0.211 V)保证了光阳极表面光生电子和光生空穴的有效分离,因而可以预期此系统具有很高的光电催化效率。

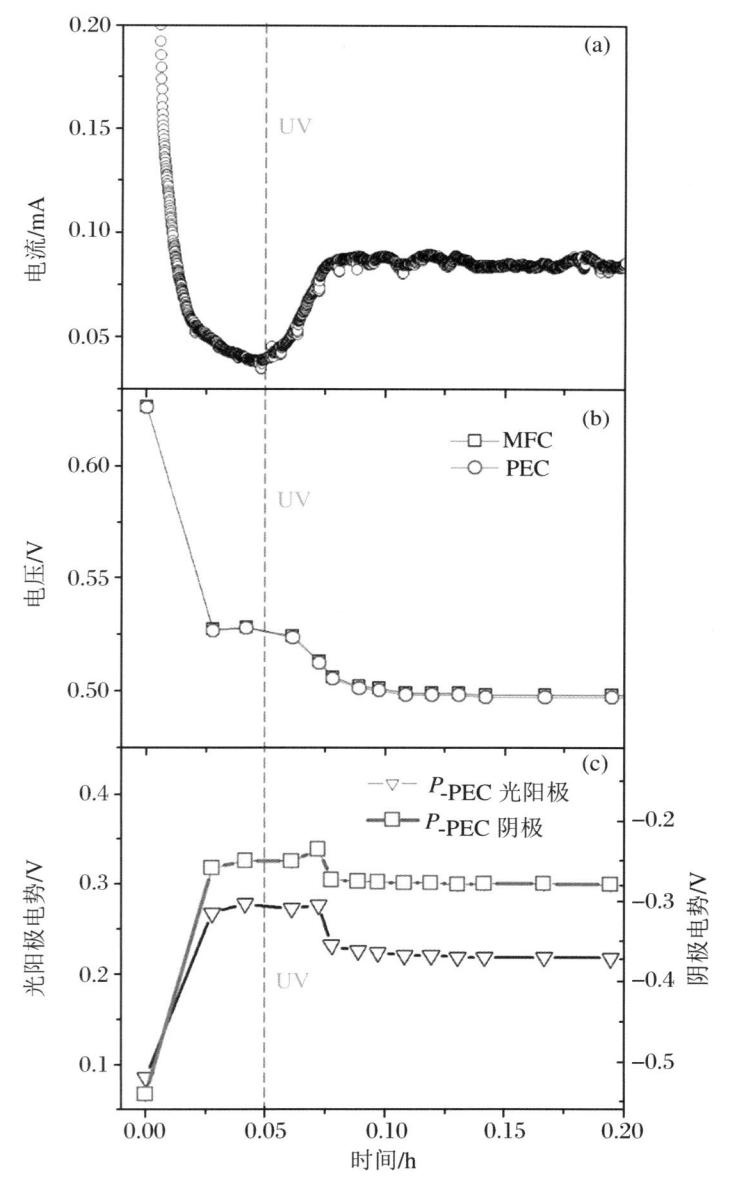

图 4.5 MPEC 体系中降解过程初始 0.20 h 的参量变化

(a) 体系中的电流变化;(b) 体系中 MFC 的输出电压和 PEC 的
输入电压的变化;(c) PEC 体系的阴、阳极电势变化

胞外呼吸细菌与纳米材料间的电子传递机理与污染控制应用

▷ 细菌胞外电子促进光电催化降解有机污染物

4.2.3

对硝基苯酚在微生物燃料电池促进光电催化反应器中的降解效果

对硝基苯酚是一种重要的用于医药、染料、农药等精细化学品的中间体，主要用于制作扑热息痛、非那西丁、皮革防霉剂、硫化还原蓝 RNX、硫化还原黑 CL 和 CLB、硫化草绿 GN、硫化红棕 B3R、显影剂米妥尔以及农药 1605 等，被美国环保署（U.S. Environmental Protection Agency）定为需要优先对待的难降解有毒污染物。因此，本实验中选取对硝基苯酚作为模式污染物来评估 MPEC 体系对污染物的降解效果。[38]

在 MPEC 体系中，对硝基苯酚降解前、后典型的 UV-vis 吸收曲线如图 4.6(a)所示。对硝基苯酚在 317 nm 处有一个特征吸收峰，应该是对硝基苯酚的苯环产生的特征吸收峰，此特征吸收峰的峰值及其浓度呈线性关系[图 4.6(b)]，即可以用此处的峰值来表征对硝基苯酚在溶液中的浓度。从图 4.6(a)中可以看出，在 MPEC 体系中随着反应的进行，317 nm 吸收峰不断降低，到 6.25 h 后大约降低到原来的 90%，这表示随着反应的进行，溶液中的对硝基苯酚由于被光电催化降解而浓度不断降低。随着反应时间的增加，对硝基苯酚在 225～226 nm 附近的肩峰被破坏，溶液在 200 nm 处的吸收也不断降低，这表示随着反应的进行，溶液中物质的不饱和结构被不断破坏，即降解效果较为彻底。

根据图 4.6(b)所得到的对硝基苯酚浓度的标准曲线，可以确定在降解过程中对硝基苯酚的浓度变化。在 2.3 mmol·L^{-1}的对硝基苯酚、0.01 mol·L^{-1}的 Na$_2$SO$_4$ 溶液中不同反应条件下对硝基苯酚的浓度变化如图 4.6(c)所示，可以看出其浓度比的对数 ln(C_t/C_0)和反应时间 t 呈很好的线性关系，即在这些过程中对硝基苯酚的降解符合准一级动力学模型[36]，即

$$\ln \frac{C_t}{C_0} = -kt \tag{4-1}$$

式中，k 是实验所测定的对硝基苯酚的表观一级降解动力学常数，C_0 为对硝基苯酚的初始浓度，而 C_t 代表反应时间 t 时对硝基苯酚的浓度。从图 4.6(c)中可以看出，在 EC 情况下对硝基苯酚的浓度在反应 4 h 之后基本无变化，它的表观一级降解动力学常数为 0.015；在 PC 情况下对硝基苯酚的浓度不断下降，其表观一级降解动力学常数为 0.198；而在 MPEC 情况下对硝基苯酚的降解速度

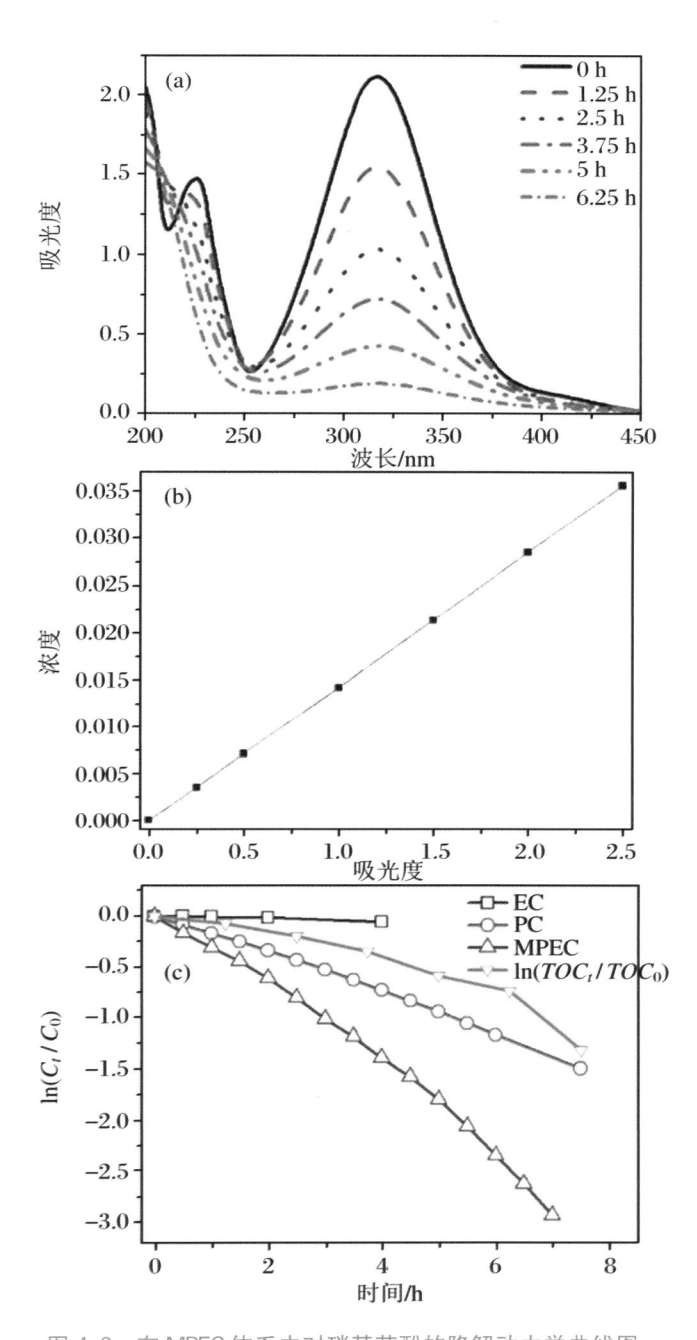

图 4.6　在 MPEC 体系中对硝基苯酚的降解动力学曲线图

（a）典型降解过程中的 UV-vis 吸收光谱变化；（b）对硝基苯酚的浓度和它在 317 nm 处吸收峰值之间的关系；（c）降解过程中对硝基苯酚的相对浓度变化和相对 TOC 的变化，其中 EC 代表只有 MFC 施加外电压而没有紫外光照射的情况，PC 代表只有紫外光照射而没有 MFC 施加外加电压的情况，MPEC 代表既有 MFC 施加外电压又有紫外光照射的情况，$\ln(TOC_t/TOC_0)$ 为体系相对 TOC 的变化最快,在此情况下反应的表观一级降解动力学常数为 0.409,只比 EC 和 PC 条件下的动力学常数之和的两倍略小。这不仅说明了对硝基苯酚能够在 MPEC 体系中被快速地氧化降解,也说明了 MFC 作为外加电源能够有效地抑制 PEC 中光阳极上的光生电子和光生空穴的再复合,故而提高了光电催化降解的速率。因此,该 MPEC 能很好地利用 ERB 和光电的协调作用,提高目标污染物的催化转化速率。TOC 的变化也是光电催化降解性能的一个重要指标,它表征了有机物的矿化程度。从图 4.6(c) 中可以看出,体系的 TOC 也随着反应时间的增加而不断降低,但其降低速度低于对硝基苯酚浓度的降低速度,这是因为对硝基苯酚降解的中间产物彻底分解到二氧化碳和水需要后续的反应才能实现,因此矿化程度较慢。

在上述 MPEC 体系中,为了监测反应过程中体系的电流、电压变化,在 MFC 和 PEC 之间串联了一个 $10\ \Omega$ 的电阻,电阻的存在抑制了电路中电子的转移速率,因此可以预期,当 MPEC 体系中没有电阻串联时,才拥有最大的表观一级降解动力学常数,如表 4.1 所示,在这种情况下对硝基苯酚的表观一级降解动力学常数为 0.411;相应地,如果体系中的串联电阻增加,电路中电子的转移速率就会被阻碍,从而光生电子和光生空穴的分离效率就会降低,因此对硝基苯酚的降解速率也会相应降低,如表 4.1 所示;当体系中其他条件不变而串联电阻从 $10\ \Omega$ 增加至 $300\ \Omega$ 和 $1000\ \Omega$ 时,对硝基苯酚的表观一级降解动力学常数也从 0.409 降低至 0.387 和 0.336,分别降低了 5.4% 和 17.8%。这种现象也可以从 PEC 体系的阳极偏压的降低方面得到验证,如表 4.1 所示。当 MPEC 体系中串联电阻增加时,体系中的电流响应减小,MEC 的输出电压增加,但是 PEC 的输入电压和其中光阳极的电极电势均有降低,且串联的电阻越大,PEC 的输出电压和光阳极的电极电势降低的越大,从而对光阳极表面的光生电子和光生空穴再复合的抑制变弱,故造成光电催化体系的效率降低。

表 4.1　MPEC 系统在不同运行条件下的参数

R/Ω	$C_{PEC}/$ $(mol \cdot L^{-1})$	k/hr^{-1}	$P_{光阳极}/V$	V_{PEC}/V	电流密度/ $(mA \cdot m^{-2})$	V_{MFC}/V
0	0.01	0.198 ± 0.002	-0.169 ± 0.010	—	—	—
0	0.01	0.411 ± 0.013	0.212 ± 0.010	0.489 ± 0.005	—	0.489 ± 0.005
*10	0.01	0.015 ± 0.002	0.270 ± 0.009	0.528 ± 0.005	20.0 ± 1.3	0.528 ± 0.005
10	0.01	0.409 ± 0.016	0.211 ± 0.011	0.489 ± 0.011	51.9 ± 0.5	0.489 ± 0.011

▷ 第4章

续表

R/Ω	$C_{PEC}/$ $(mol \cdot L^{-1})$	k/hr^{-1}	$P_{光阳级}/V$	V_{PEC}/V	电流密度/ $(mA \cdot m^{-2})$	V_{MFC}/V
300	0.01	0.387 ± 0.012	0.199 ± 0.007	0.469 ± 0.004	49.0 ± 1.0	0.494 ± 0.003
1000	0.01	0.336 ± 0.009	0.164 ± 0.012	0.424 ± 0.004	45.7 ± 1.3	0.502 ± 0.002
10	0.05	0.390 ± 0.010	0.185 ± 0.020	0.457 ± 0.020	91.8 ± 2.5	0.458 ± 0.021
10	0.1	0.359 ± 0.013	0.151 ± 0.023	0.435 ± 0.014	125.9 ± 1.4	0.437 ± 0.018
10	0.3	0.299 ± 0.006	-0.014 ± 0.035	0.326 ± 0.013	213.1 ± 6.6	0.329 ± 0.016

注：其中 R 表示串联在 MFC 和 PEC 间的电阻；C_{PEC} 表示 PEC 反应器内的电解质浓度；
k 表示对硝基苯酚的表观一级降解动力学常数；$P_{光阳级}$ 代表 PEC 中光阳极的电极电势；V_{PEC} 代表 PEC 反应器的输入电压；V_{MFC} 代表 MFC 的输出电压。

* 为没有紫外光照射的情况下。

　　PEC 反应器中电解质的浓度也会对对硝基苯酚的降解速率产生影响。如表 4.1 所示,当其他条件不变时,PEC 中电解质 Na_2SO_4 的浓度从 $0.01\ mol \cdot L^{-1}$ 增加至 $0.05\ mol \cdot L^{-1}$、$0.1\ mol \cdot L^{-1}$ 和 $0.3\ mol \cdot L^{-1}$ 时,对硝基苯酚的表观一级降解动力学常数也从 0.409 降低至 0.390、0.359 和 0.299,分别降低了 4.6%、12.2% 和 26.9%。这种现象也是因为 PEC 的输出电压和光阳极的电极电势降低,从而对光阳极表面的光生电子和光生空穴再复合的抑制变弱而造成的。如表 4.1 所示,对于惰性电解质 Na_2SO_4,随着其浓度的增加,PEC 中的离子强度随之增加,进而 MPEC 体系的总电阻减小而电流增加,MFC 的输出电压减小,故 PEC 的输出电压和光阳极的电极电势随之降低。随着电解质浓度的增加,溶液中阴、阳离子的浓度也随之增加,故在光阳极表面附近它们出现的概率也随之增加,这会和对硝基苯酚在光催化剂表面的吸附形成竞争关系,也就造成了对硝基苯酚吸附概率的减小,从而使对硝基苯酚在光阳极表面的吸附和反应的概率相应减小,这也是造成其表观一级降解动力学常数减小的一个原因。

4.2.4

对硝基苯酚的降解产物检测和途径分析

　　在环境污染物降解过程中,对降解中间体的分析检测是判断污染物降解途径的重要步骤。对于某些降解过程,可能降解中间体较被降解产物具有更大的

▷ 细菌胞外电子促进光电催化降解有机污染物

环境危害性,因此对污染物降解中间体的分析极为重要。我们在对硝基苯酚的降解过程中分别用 HPLC 和 GC-MS 方法对对硝基苯酚的降解中间体进行了测定。对于 MPEC 体系,对硝基苯酚降解过程中的 HPLC 谱图如图 4.7 所示,HPLC 谱图上各峰所对应的物质归属可以根据标准加入法来确定,对硝基苯酚在实验条件下的保留时间(retention time,RT)为 8.865 min,硫酸钠的 RT 为 2.090 min,HPLC 谱图上的其他峰都是对硝基苯酚降解过程中生成的中间产物对应的峰。

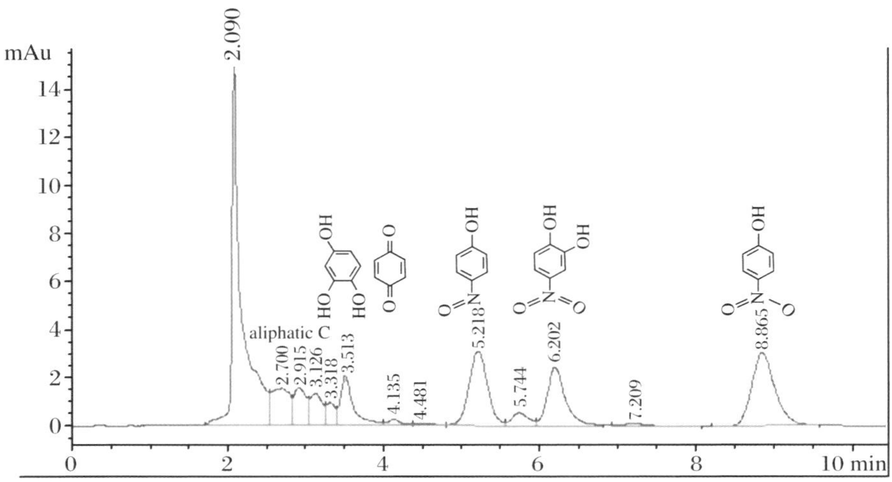

图 4.7　MPEC 体系降解过程中的 HPLC 谱图

HPLC 谱图上的其他峰的归属如图 4.7 所示,RT 为 3.513 min 的峰对应 1,2,4-苯三酚(1,2,4-benzenetriol),4.135 min 的峰对应苯醌(benzoquinone),5.218 min 的峰对应对亚硝基苯酚(p-nitrosophenol),6.202 min 的峰对应 1,2-二羟基-4-硝基苯(p-nitrocatechol)。而 RT 在 2～3 min 的峰则对应的是这些中间体产物进一步降解后的小分子有机酸,如顺(反)丁烯二酸、乙酸、草酸、甲酸等。对于 GC-MS 谱图,根据物质的出峰时间和标样对比,并把物质的质谱峰和标准谱库对比后,发现谱图上也有未完全降解的对硝基苯酚、1,2,4-苯三酚和 1,2-二羟基-4-硝基苯检出,如图 4.8 所示。没有检测出对苯醌和亚硝基苯酚,可能是由于它们在空气和高温情况下不太稳定,所以在萃取或进样的过程中,它们可能发生了进一步反应引起结构变化,从而无法在 GC-MS 上检测出来。

根据以上 HPLC 和 GC-MS 的结果以及文献中对对硝基苯酚光电催化降解的报道,可以得到如图 4.9 所示的对硝基苯酚在 MPEC 体系中的完全降解途径。初始降解途径主要是由光催化反应生成的羟基自由基和对硝基苯酚的结合方式决定的,如图 4.9 第一步所示,羟基自由基既可以进攻苯环又可以进攻苯环

▷ 第4章

上的硝基,由于它们的下一步产物 1,2-二羟基-4-硝基苯和对苯二酚(或其与苯醌的分子化合物醌氢醌)都有被检测出,因此推断这两个步骤应该都有发生,至于优先进行哪个步骤,则是由分子的电子排布、基团的空间位阻以及分子间的氢键等因素决定的。[39]

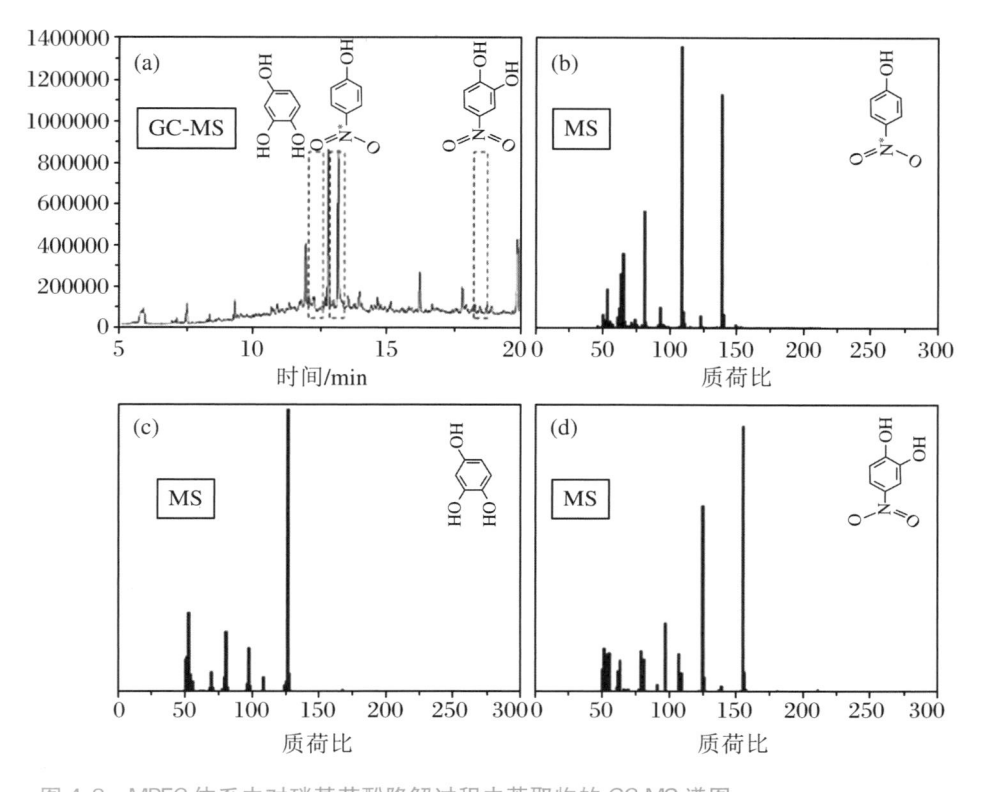

图 4.8　MPEC 体系中对硝基苯酚降解过程中萃取物的 GC-MS 谱图

羟基自由基和对硝基苯酚的反应是通过羟基自由基的亲电加成来进行的。对于对硝基苯酚,当羟基自由基向苯环进攻时,由于苯环上面的 $-NO_2$ 是强力的吸电子基团,最后通过形成中间体,羟基自由基会加成到苯环上 $-NO_2$ 基团的间位,故生成 1,2-二羟基-4-硝基苯。HPLC 和 GC-MS 的分析结果验证了这一过程。而随着光电催化反应的进行,不断有羟基自由基的产生,当羟基自由基再次进攻 1,2-二羟基-4-硝基苯时,对硝基苯酚和 1,2-二羟基-4-硝基苯分子中的 C-N 键键长较长[39],因此羟基自由基更容易进攻这个位置。羟基自由基亲电加成到苯环上而 $-NO_2$ 基团会随之脱落,对硝基苯酚会随之生成对苯二酚(或其与苯醌的分子化合物醌氢醌),而 1,2-二羟基-4-硝基苯会生成 1,2,4-苯三酚,这些产物也分别在实验中的对硝基苯酚降解产物中检测出来,故验证了这个过程的存在。[40]

对硝基苯在光电催化降解过程中所生成的中间体,无论是 1,2-二羟基-4-硝

▷ 细菌胞外电子促进光电催化降解有机污染物

基苯、对苯二酚、1,2,4-苯三酚还是苯醌,均为有毒物质,如对苯二酚为中等毒性,苯醌则是高毒性。如图 4.9 所示,这些有毒物质都能和羟基自由基发生下一步反应,到降解的后期阶段,在羟基自由基的作用下苯环会发生开环反应,生成顺(反)丁烯二酸、乙酸、草酸、甲酸等小分子有机酸,直到最终被完全氧化成二氧化碳和水,从而实现彻底的降解矿化。当苯环开环后得到小分子有机酸时,生成物的毒性就大大降低或无毒性,如顺丁烯二酸和甲酸还有腐蚀性,而反丁烯二酸、乙酸、草酸则基本无毒性且可生物降解。

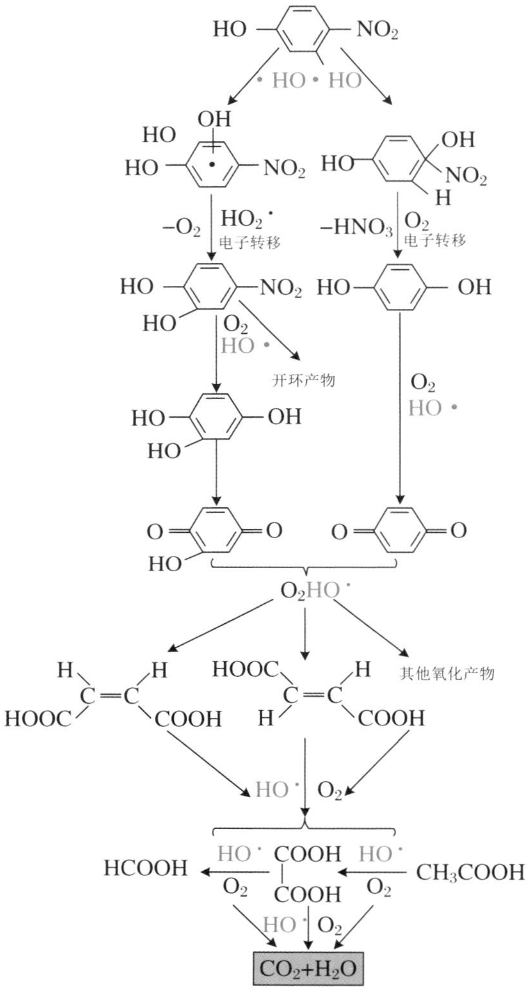

图 4.9　MPEC 体系中对硝基苯酚的光催化氧化
降解途径[39-40]

在光电催化的过程中,体系的 TOC 是不断降低的。如上述过程所示,由于生成的这些中间体产物的进一步降解也需要消耗羟基自由基,并且需要多步反应才能完全矿化,因此体系的 TOC 的降低速度较对硝基苯酚的降解速率慢也是

▷ 第4章

可以解释的。而对对硝基苯酚降解过程的 HPLC 谱图分析也可以发现，这些中间体产物的浓度在降解反应过程中都是呈现从无到有、先增加后降低的趋势，这也验证了上面所推断的降解途径，并说明了在此 MPEC 体系中，反应时间的延长能够加快实现污染物的彻底矿化降解。

4.2.5

细菌胞外电子促进光电催化反应器中的电子传递途径和机制

在此 MPEC 体系中所发生的反应如下列反应式所示，主要包括：MFC 微生物阳极上发生的 ERB 消耗底物（乙酸）进行代谢作用；同时将产生的电子通过胞外电子转移过程传递给碳纸电极[反应式(4-2)]；MFC 的空气阴极上电子在载铂碳纸的作用下催化还原氧气[反应式(4-3)]；PEC 的光阳极表面 TiO_2 光催化剂，在紫外光照射下发生电子跃迁生成光生电子和光生空穴，光生空穴与水或者羟基作用生成羟基自由基[反应式(4-4)～反应式(4-6)]；随后的羟基自由基和对硝基苯酚以及相应的中间体发生氧化反应，将它们完全矿化成二氧化碳和水[反应式(4-7)]。[3,30]

$$CH_3COO^- + 4H_2O \longrightarrow 2HCO_3^- + 9H^+ + 8e^- \qquad (4-2)$$

$$O_2 + 4H^+ + 4e^- \longrightarrow 2H_2O \qquad (4-3)$$

$$TiO_2 + h\nu \longrightarrow h_{VB}^+ + e_{CB}^- \qquad (4-4)$$

$$h_{VB}^+ + H_2O \longrightarrow \cdot OH + H^+ \qquad (4-5)$$

$$h_{VB}^+ + OH^- \longrightarrow \cdot OH \qquad (4-6)$$

$$C_6H_4OHNO_2 + 28 \cdot OH \longrightarrow 6CO_2 + 16H_2O + NO_3^- + H^+ \qquad (4-7)$$

当 MPEC 体系稳定运行时，这些反应之间会构成一个平衡过程。如图 4.10 所示，MFC 微生物阳极上的 ERB 通过自身的代谢作用生成质子和电子，质子被用来在空气阴极铂的催化下，和从 PEC 光阳极分离出来的载流子光生电子以及从污染物降解所生成的电子共同作用，催化还原氧气生成水。即反应式(4-3)所需的质子来自反应式(4-2)，而所需的电子来自反应式(4-4)和(4-7)所生成的部分电子。为了补偿反应式(4-3)消耗的从光阳极得来的电子从而使 PEC 内部电荷平衡，ERB 所产生的电子会通过电路流向 PEC 的阴极，和阴极表面的氧分子等发生反应。

▷ **细菌胞外电子促进光电催化降解有机污染物**

在 MPEC 体系中,底物被 ERB 利用时所产生的部分质子,消耗了 TiO_2 光催化剂表面所产生的光生电子,而 ERB 通过代谢作用所产生的胞外电子,则被 TiO_2 半导体纳米光催化剂所产生的光生空穴在其表面降解污染物的反应过程中所生成的质子所消耗。即此体系中的反应归根到底是 ERB 和 TiO_2 半导体纳米光催化剂之间通过外电路的间接电子传递所引发的。

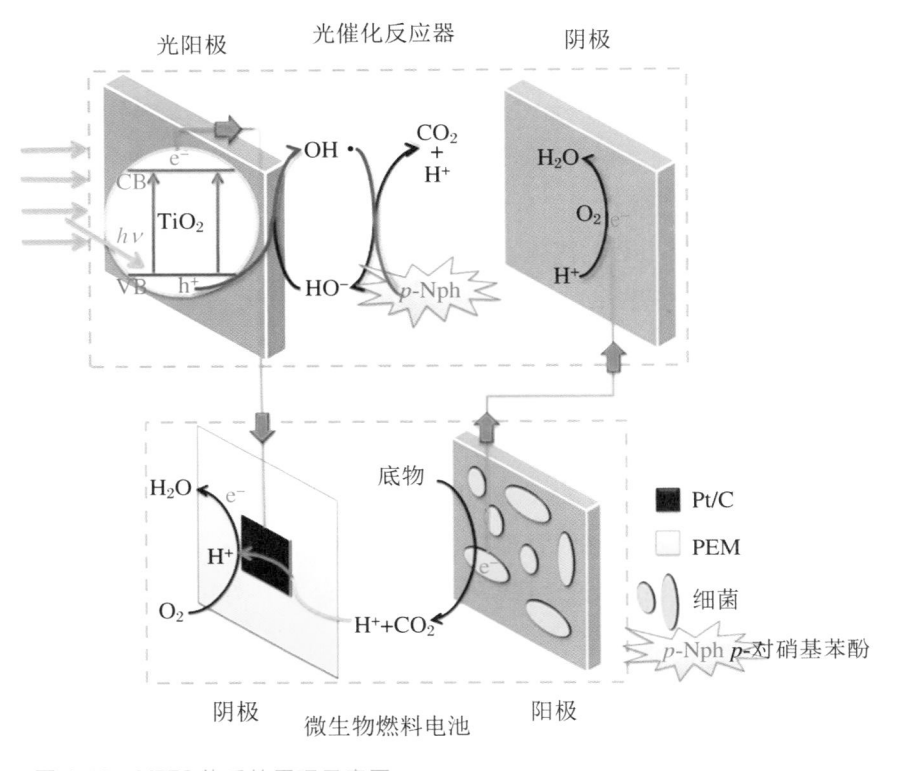

图 4.10 MPEC 体系的原理示意图

因此,MPEC 体系中所发生的这些反应也是彼此之间相互影响的,在不同的反应条件下或者反应的不同阶段也是不同的。在没有 MFC 的情况下,PEC 体系中对硝基苯酚的表观一级降解动力学常数为 0.198,这就是由于在没有反应式(4-3)的情况下,反应式(4-4)所生成的光生电子和光生空穴有较高的复合率,从而使反应式(4-5)和反应式(4-6)所生成的羟基自由基的数量减少,进而造成反应式(4-7)速率的下降。而在没有紫外光照射即没有反应式(4-7)的情况下,体系中单纯的对硝基苯酚电化学氧化反应速度较慢,而且由于没有反应式(4-4)生成的光生电子参与反应式(4-3),所以 MPEC 体系的电流也相对较小。随着紫外光的照射,反应式(4-4)生成的光生电子会在偏压的作用下和光生空穴分离流向 MFC 的空气阴极,而同时反应式(4-5)和反应式(4-6)生成的羟基自由基在参与反应式(4-7)的时候也会有电子产生,这些电子同样会通过光阳极流向

MFC 的空气阴极,即随着光照而使体系中增加的电流数量要比生成的光生电子数量多一些,这种现象被称为"电流双倍效应(current-doubling)"[41],其在 MPEC 中的体现如图 4.5(a)所示。对硝基苯酚的降解符合准一级动力学,因此在光电催化反应初始条件下反应式(4-7)发生的数量较多,即相对于后来会有绝对数量更多的对硝基苯酚被氧化,从而生成更多的电子并通过电路传递到 MFC 的空气阴极,此时电流双倍效应较大,故光电催化刚开始的时候体系的电流最大;而后随着对硝基苯酚的降解,反应式(4-7)的绝对数量减少,相应地,产生的电子较少,故随着反应的进行电流双倍效应逐渐减小,这也造成体系的电流逐渐减少。如图 4.11(a)所示,初始阶段 MPEC 体系中的电流是增加的,而随着反应的进行,体系中的电流呈逐渐降低的趋势。图 4.11(a)中的偏离点是由取样造成的。相应地,由于 MFC 的内阻在反应过程中可以基本视为不变,电流减小导致 MFC 两端的电压减小,即 MFC 的输出电压减小,PEC 的输入电压也同样减小,而 PEC 的光阳极和阴极的电极电势也随时变化[图 4.11(b)和图 4.11(c)]。

PEC 中阴极的反应也值得关注。如图 4.10 所示,ERB 所产生的电子传递给 MFC 碳纸电极,为了维持 PEC 内部的电荷平衡而到达其阴极,在阴极可以和质子发生还原氧气的反应。如前面 HPLC 谱图(图 4.7)所示,有少量对亚硝基苯酚被检测出来,可以推断在 PEC 的阴极部分电子也会和对硝基苯酚反应,使之还原成对亚硝基苯酚[38],这个产物也能在光阳极发生光电催化氧化降解反应而消失。

在本章中,以 ERB 为阳极生物催化剂构建 MFC,使 ERB 代谢过程中传递的电子被原位利用,并把此 MFC 所产生的电能作为外加偏压以抑制 PEC 中光阳极上 TiO₂ 在紫外光照射下生成的光生电子和光生空穴的再复合。以对硝基苯酚为模式污染物进行光电催化降解,结果表明在此条件下,光电催化反应降解速率约是单独电催化和光催化反应降解速率之和的两倍。ERB 产生的电子和电能可以有效促进光生电子从 TiO₂ 表面的分离,从而提高了光生空穴的寿命和效率,加快了有机污染物的彻底氧化降解。MPEC 体系利用了光电和微生物的协调作用,有效地降低了光生电子和光生空穴的再复合,从而提高了污染物的催化转化效率。

对 MPEC 体系中的反应机理和电子传递过程的分析表明,底物被 ERB 利用时所产生的部分质子消耗了 TiO₂ 光催化剂表面所产生的光生电子,而 ERB 通过代谢作用所产生的胞外电子则被 TiO₂ 生成的光生空穴在其表面污染物降解过程中所产生的质子消耗,从而有效地降低了 TiO₂ 的光生电子和光生空穴的复合率。因此,MPEC 体系中的微生物和光电的协同效应是 ERB 和 TiO₂ 之间

▷ 细菌胞外电子促进光电催化降解有机污染物

通过外电路的间接电子传递所导致的。

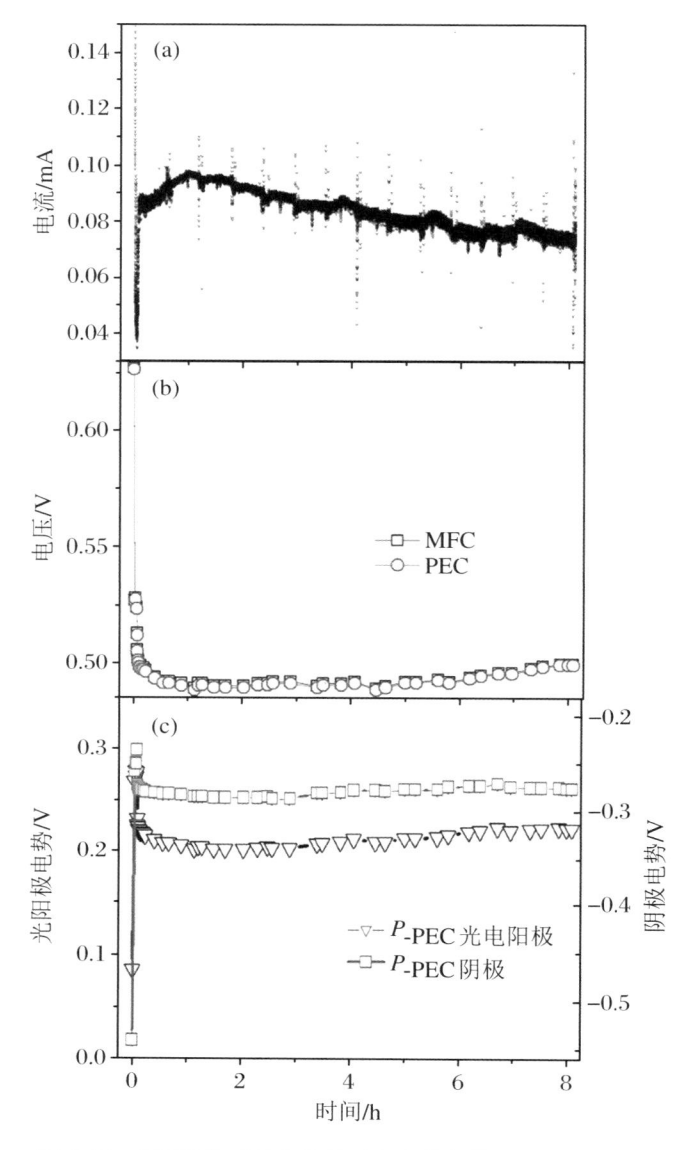

图 4.11　MPEC 体系整个降解过程中的参量变化

（a）体系中的电流变化；（b）体系中 MFC 的输出电压和
PEC 的输入电压的变化；（c）PEC 体系的阴、阳极电势变化

参考文献

［1］　Kumar A，Hsu L H，Kavanagh P，et al. The ins and outs of microorganism-electrode electron transfer reactions [J]. Nature Reviews Chemistry，2017（1）：24.

[2] Nielsen L P，Risgaard-Petersen N. Rethinking sediment biogeochemistry after the discovery of electric currents [J]. Annual Review of Marine Science，2015(7)：425-442.

[3] Slate A J，Whitehead K A，Brownson D A C，et al. Microbial fuel cells：an overview of current technology [J]. Renewable & Sustainable Energy Reviews，2019(101)：60-81.

[4] He Z. Development of microbial fuel cells needs to go beyond "Power Density" [J]. ACS Energy Letters，2017(2)：700-702.

[5] Kumar R，Singh L，Zularisam A W. Exoelectrogens：recent advances in molecular drivers involved in extracellular electron transfer and strategies used to improve it for microbial fuel cell applications [J]. Renewable & Sustainable Energy Reviews，2016(56)：1322-1336.

[6] Zhao N N，Treu L，Angelidaki I，et al. Exoelectrogenic anaerobic granular sludge for simultaneous electricity generation and wastewater treatment [J]. Environmental Science & Technology，2019(53)：12130-12140.

[7] Sun M，Zhai L F，Li W W，et al. Harvest and utilization of chemical energy in wastes by microbial fuel cells [J]. Chemical Society Reviews，2016 (45)：2847-2870.

[8] Hubenova Y，Mitov M. Extracellular electron transfer in yeast-based biofuel cells：a review [J]. Bioelectrochemistry，2015(106)：177-185.

[9] Feng J，Qian Y，Wang Z，et al. Enhancing the performance of *Escherichia coli*-inoculated microbial fuel cells by introduction of the phenazine-1-carboxylic acid pathway [J]. Journal of Biotechnology，2018(275)：1-6.

[10] Baran T，Wojtyła S，Minguzzi A，et al. Achieving efficient H_2O_2 production by a visible-light absorbing，highly stable photosensitized TiO_2 [J]. Applied Catalysis B：Environmental，2019(244)：303-312.

[11] Mikrut P，Kobielusz M，Macyk W. Spectroelectrochemical characterization of euhedral anatase TiO_2 crystals-implications for photoelectrochemical and photocatalytic properties of {001} {100} and {101} facets [J]. Electrochimica Acta，2019(310)：256-265.

[12] Kusiak-Nejman E，Morawski A W. TiO_2/graphene-based nanocomposites for water treatment：a brief overview of charge carrier transfer，antimicro-

bial and photocatalytic performance [J]. Applied Catalysis B: Environmental, 2019(253): 179-186.

[13] Yu S, Han B, Lou Y, et al. Nano anatase TiO_2 quasi-core-shell homophase junction induced by a Ti^{3+} concentration difference for highly efficient hydrogen evolution [J]. Inorganic Chemistry, 2020(5): 3330-3339.

[14] Roger Is, Shipman Mi A, Symes M D. Earth-abundant catalysts for electrochemical and photoelectrochemical water splitting [J]. Nature Reviews Chemistry, 2017(1): 3.

[15] Porcar-Santos O, Cruz-Alcalde A, López-Vinent N, et al. Photocatalytic degradation of sulfamethoxazole using TiO_2 in simulated seawater: evidence for direct formation of reactive halogen species and halogenated by-products [J]. Science of The Total Environment, 2020(736): 139605.

[16] Rodríguez-González V, Obregón S, Patrón-Soberano O A, et al. An approach to the photocatalytic mechanism in the TiO_2-nanomaterials microorganism interface for the control of infectious processes [J]. Applied Catalysis B: Environmental, 2020(270): 118853.

[17] Vali A, Malayeri H Z, Azizi M, et al. DPV-assisted understanding of TiO_2 photocatalytic decomposition of aspirin by identifying the role of produced reactive species [J]. Applied Catalysis B: Environmental, 2020 (266): 118646.

[18] Pirozzi D, Imparato C, D'Errico G, et al. Three-year lifetime and regeneration of superoxide radicals on the surface of hybrid TiO_2 materials exposed to air [J]. Journal of Hazardous Materials, 2020(387): 121716.

[19] Sułek A, Pucelik B, Kuncewicz J, et al. Sensitization of TiO_2 by halogenated porphyrin derivatives for visible light biomedical and environmental photocatalysis [J]. Catalysis Today, 2019(335): 538-549.

[20] Cai J, Shen J, Zhang X, et al. Hydrogen production: light-driven sustainable hydrogen production utilizing TiO_2 nanostructures: a review [J]. Small Method, 2019(3): 1800053.

[21] Feng F, Li C, Jian J, et al. Boosting hematite photoelectrochemical water splitting by decoration of TiO_2 at the grain boundaries [J]. Chemical Engineering Journal, 2019(368): 959-967.

[22] Meng A Y, Zhang L Y, Cheng B, et al. Dual cocatalysts in TiO_2 photocatalysis [J]. Advanced Materials, 2019(31): 1807660.

[23] Kurnaravel V, Mathew S, Bartlett J, et al. Photocatalytic hydrogen production using metal doped TiO_2: a review of recent advances [J]. Applied Catalysis B: Environmental, 2019(244): 1021-1064.

[24] Zhao Y X, Zhao Y F, Shi R, et al. Tuning oxygen vacancies in ultrathin TiO_2 nanosheets to boost photocatalytic nitrogen fixation up to 700 nm [J]. Advanced Materials, 2019(31): 1806482.

[25] Low J, Cheng B, Yu J. Surface modification and enhanced photocatalytic CO_2 reduction performance of TiO_2: a review [J]. Applied Surface Science, 2017(392): 658-686.

[26] Khalil M, Anggraeni E S, Ivandini T A, et al. Exposing TiO_2(001) crystal facet in nano Au-TiO_2 heterostructures for enhanced photodegradation of methylene blue [J]. Applied Surface Science, 2019(487): 1376-1384.

[27] Kőrösi L, Bognár B, Bouderias S, et al. Highly-efficient photocatalytic generation of superoxide radicals by phase-pure rutile TiO_2 nanoparticles for azo dye removal [J]. Applied Surface Science, 2019(493): 719-728.

[28] Jiang W L, Ding Y C, Haider M R, et al. A novel TiO_2/graphite felt photoanode assisted electro-Fenton catalytic membrane process for sequential degradation of antibiotic florfenicol and elimination of its antibacterial activity [J]. Chemical Engineering Journal, 2020(391): 123503.

[29] Hu Y, Pan Y, Wang Z, Lin T, et al. Lattice distortion induced internal electric field in TiO_2 photoelectrode for efficient charge separation and transfer [J]. Nature Communications, 2020(1): 2129.

[30] Liu E, Zhang X, Xue P, et al. Carbon membrane bridged ZnSe and TiO_2 nanotube arrays: fabrication and promising application in photoelectrochemical water splitting [J]. International Journal of Hydrogen Energy, 2020(16): 9635-9647.

[31] Lv X, Tao L, Cao M, et al. Enhancing photoelectrochemical water oxidation efficiency via self-catalyzed oxygen evolution: a case study on TiO_2[J]. Nano Energy, 2018(44): 411-418.

[32] Jia J, Xue P, Hu X, et al. Electron-transfer cascade from CdSe@ZnSe core-shell quantum dot accelerates photoelectrochemical H_2 evolution on TiO_2 nanotube arrays [J]. Journal of Catalysis, 2019(375): 81-94.

[33] Ding C, Shi J, Wang Z, et al. Photoelectrocatalytic water splitting: significance of cocatalysts, electrolyte, and interfaces [J]. ACS Catalysis, 2017

(7):675-688.

[34] Huang K, Li C, Zhang X, et al. TiO$_2$ nanorod arrays decorated by nitrogen-doped carbon and g-C$_3$N$_4$ with enhanced photoelectrocatalytic activity [J]. Applied Surface Science, 2020(518): 146219.

[35] Liu B, Yan L, Wang J. Liquid N$_2$ quenching induced oxygen defects and surface distortion in TiO$_2$ and the effect on the photocatalysis of methylene blue and acetone [J]. Applied Surface Science, 2019(494): 266-274.

[36] Xu J, Liu N, Wu D, et al. Upconversion nanoparticle-assisted payload delivery from TiO$_2$ under near-infrared light irradiation for bacterial inactivation [J]. ACS Nano, 2020(1): 337-346.

[37] Shi H, Yu Y, Zhang Y, et al. Polyoxometalate/TiO$_2$/Ag composite nanofibers with enhanced photocatalytic performance under visible light [J]. Applied Catalysis B: Environmental, 2018(221): 280-289.

[38] Qian R, Zong H, Schneider J, et al. Charge carrier trapping, recombination and transfer during TiO$_2$ photocatalysis: an overview [J]. Catalysis Today, 2019(335): 78-90.

[39] Hayashi K, Nozaki K, Tan Z, et al. Enhanced antibacterial property of facet-engineered TiO$_2$ Nanosheet in presence and absence of ultraviolet irradiation [J]. Materials, 2020(1): 78.

[40] Zhang J, Yuan M, Liu X, et al. Copper modified Ti^{3+} self-doped TiO$_2$ photocatalyst for highly efficient photodisinfection of five agricultural pathogenic fungus [J]. Chemical Engineering Journal, 2020(387): 124171.

[41] Antolini E. Photo-assisted methanol oxidation on Pt-TiO$_2$ catalysts for direct methanol fuel cells: a short review [J]. Applied Catalysis B: Environmental, 2018(237): 491-503.

第 —— 5 —— 章

细菌胞外电子促进光电催化氮气固定化

纳米 TiO_2，由于其优越的氧化性和良好的遮盖能力以及高的化学稳定性、热稳定性、超亲水性、非迁移性等性能，并具有自洁净、抗菌、抗紫外线、抗衰老等功效，目前在全球被广泛应用于光触媒、涂料、塑料、油墨、功能纤维、化妆品、油漆、精细陶瓷等领域以及做各种添加剂使用。[1]

涂料是纳米 TiO_2 的最重要实际用途之一，约占纳米 TiO_2 消耗的 50% 以上，全世界每年约有 4×10^6 t 的消耗。[1]用纳米 TiO_2 制造的涂料色彩鲜艳、着色力强、遮盖力高，而且对介质的物理稳定性起到保护作用，并能防止出现老化现象以及紫外线和水分透过，可增强漆膜的机械强度和附着力并延长其寿命。由于纳米 TiO_2 在紫外线作用下的优越杀菌性能，在涂料中添加纳米 TiO_2 也可以制造出具有去污、除臭和杀菌性能的自清洁防污涂料，可以有效地杀死金色葡萄糖菌和大肠杆菌等有害细菌，并具有净化空气的功能。因此，目前纳米 TiO_2 已经广泛应用于抗菌水处理装置、化妆品、纺织品、食品包装、卫生日用品（如抗菌地砖、抗菌陶瓷卫生设施等）、抗菌性餐具和切菜板、抗菌涂料和抗菌地毯、抗菌砂浆、抗菌不锈钢板、抗菌铝板、医用敷料及医用设备等。[2-3]纳米 TiO_2 的光催化自清洁作用还可以使高层建筑的玻璃、汽车后视镜及前窗玻璃、厨房容易粘污的瓷砖等的保洁很容易进行。典型的自清洁纳米 TiO_2 材料的应用实例有：中国国家大剧院的 6500 m^2 自清洁玻璃、20000 m^2 自清洁钛板，全球最大雕塑玻璃、世界园艺博览会标志性建筑——120 m 高的沈阳百合塔，位于北京五棵松 60000 m^2 的奥运体育馆工程，等等。

纳米 TiO_2 既能吸收紫外线，又能散射、反射紫外线，并可以透过可见光，因而成为性能优越、极具发展前途的物理屏蔽型紫外线防护剂。和其他有机防晒剂相比，纳米 TiO_2 具有性能稳定的优点。例如，日本资生堂生产的以纳米 TiO_2 作为主要防晒成分的口红和面霜，其防晒因子可达 SPF11～19。日本每年添加到化妆品中作为防晒剂使用的纳米 TiO_2 约有 1 kt。20 世纪 80 年代纳米 TiO_2 在世界化妆品行业的年消耗量为 3500～4000 t，目前估计在 5000～10000 t。在纺织行业中，纳米 TiO_2 被添加到纱线中主要是代替 PVA 起到贴顺毛羽、润滑、填补缺口等作用。在纺织浆料里，纳米 TiO_2 通过与淀粉的结合，可以有效提高纱线的综合织造性能，也就减少了 PVA（聚乙烯醇）的用量和煮浆时间，因而可以降低浆料成本、提高浆纱效益，并解决了因 PVA 浆料引起的不易退浆而导致的环境污染等问题。

过去，纳米 TiO_2 被视为是无毒的。但是随着研究的深入，目前国际癌症研究机构对纳米 TiO_2 的可能致癌性进行了重新定义，并把纳米 TiO_2 定义为 2B 致癌物质，即"对人类可能的致癌物质"。[1]虽然纳米 TiO_2 被认为是可能的致癌物，

▷ 第5章

而且其对环境的作用也得到普遍研究,但是迄今为止还没有报道说明将纳米TiO₂直接暴露于空气和阳光下可能会造成的环境影响。

氮元素在自然界中含量丰富且分布广泛,氮循环是生物圈内最基本的物质循环之一。[4-5]一方面,随着人口数量的增加和科技的进步,人为的固氮作用对氮循环的影响越来越大,过量排放的硝酸盐和氮氧化物所引发的环境问题也日趋严重。[6-9]如我国约有50%区域的浅层地下水普遍存在硝酸盐污染问题。因此,对于这些污染来源的充分认识和对受污染地区的治理是十分必要的。另一方面,目前广泛使用的人工固氮方法——哈伯-博施法,需要在催化剂存在的高温条件下进行,因而可能的温和条件下的人工固氮方法的研发,也具有重要的环境意义和经济价值。

5.1

细菌胞外电子促进氮气固定化的设备搭建

5.1.1

光催化氮气固定化反应器的构建

光催化反应器是一个直径为 6 cm、高为 6.5 cm 的石英玻璃圆柱体,其中加入 150 mL 超纯水或者不同电解质溶液,并根据实验需要不断通入不同气体。自制的纳米 TiO₂ 光电极被垂直放置在光催化反应器内,上面用不透光的平板盖上,以减少溶液蒸发或意外溅出。反应器采用一个 30 W 的低压汞灯作为光源,低压汞灯位于光电催化反应器外部距光阳极 10 cm 处。

纳米 TiO₂ 光电极是通过把 TiO₂(P25,Dergussa Co.,Germany;E171,上海江沪钛白特种制品有限公司,中国)薄膜覆盖在碳纸电极上制得的。制备方法为:将 TiO₂ 粉末、分析纯无水乙醇、聚乙二醇(PEG-400)按照约 25 g∶300 mL∶2 mL

的比例置于 500 mL 烧杯中,施加超声波 30 min 使其混合均匀。取一块 3 cm×7 cm 大小的碳纸(GEFC Co.,China)置于烧杯中,且浸没在混合液中,使其表面形成均匀的上述混合液涂层,然后小心地取出碳纸,置于 120 ℃烘箱中,蒸干乙醇后再置于马弗炉中 400 ℃煅烧 2 h,以完全除去聚乙二醇。制备的光阳极上 TiO_2 的负载量约为 0.1 g。

对所制备的纳米 TiO_2 光电极上的 TiO_2 晶型结构,采用 X 射线衍射(XRD,X′Pert PRO,Philips Co.,the Netherlands)的方法进行表征,并利用扫描电子显微镜(SEM,JSM-6700F,JEOL Co.,Japan)观察其在纳米 TiO_2 光电极上的分布情况。

5.1.2

影响光催化氮气固定化反应的因素

相对湿度对光催化氮气固定化反应速度的影响的实验,是在人工气候箱内(SPX-250IC,Boxun Co.,China)模拟进行的。在实验过程中,固定气候箱温度恒定为 25 ℃,固定光照度在 60%挡,分别在相对湿度(RH)为 40%、60%、80%的情况下考察光催化固氮速率,实验采用两块 7 cm×15 cm 用上述方法制备的负载 TiO_2(P25)电极进行平行反应,实验时两块电极分别垂直悬挂于恒温气候箱内,在密闭的人工气候箱内照射 10 h 后用超纯水多次清洗 TiO_2(P25)电极表面,合并清洗液分别定容于 100 mL 容量瓶中,并用离子色谱仪测定硝酸根的浓度。TiO_2 电极表面的光强采用照度计(ZDS-10,Xuelian Co.,China)每0.5 h 测试一次。本实验重复 3 次。

样品中硝酸根的浓度采用离子色谱仪(ICS-1000,Dionex Co.,USA)进行测定。柱子型号为 AS-14A,抑制器型号为 ASRS-UL TRA Ⅱ 4 mm,检测器为DS6 HEATED CONDUCTIVITY CELL,测样时抑制器电流为 43 mA,柱温为30.0 ℃,所用淋洗液为 8 mmol • L^{-1} Na_2CO_3/1 mmol • L^{-1} $NaHCO_3$,流速为1.0 mL • min^{-1}。实验还采用分光光度计在 420 nm 下通过奈斯勒(Nessler)试剂反应来检测有无铵根离子生成。

太阳光条件下的光催化氮气固定化反应装置如图 5.1 所示,实验仍采用两块 3 cm×7 cm 用上述方法制备的负载 TiO_2(P25)电极进行平行反应,实验在没有被其他建筑物遮蔽的楼顶进行。为了尽量排除空气湿度的影响,将超纯水通过吊瓶以约 3 mL • h^{-1} 的速度匀速滴在电极上,这样可保证光催化反应所处的湿度条件基本一致。P25 电极下方置一容器以收集从电极板上可能滴落的水滴,下面容器中所得溶液每 2.5 h 完全取出,然后和多次冲洗电极的液体一起定容于 25 mL 容量瓶中,通过离子色谱仪测定其中的硝酸根含量。实验于某年 9 月 20 日和 21 日在北纬 31.52°、东经 117.17°(安徽合肥)进行。

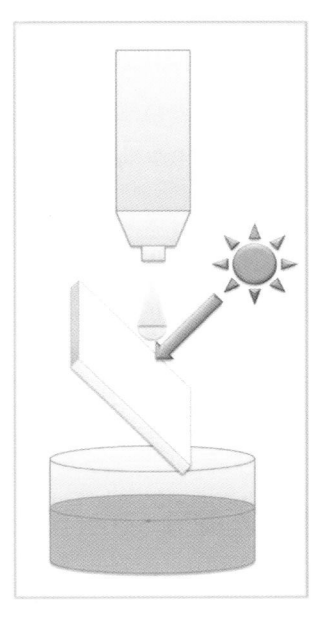

图 5.1 太阳光条件下光催化氮气固定化反应装置图

为了分析此氮气固定化反应过程中所生成的气体中间产物和解析可能的反应机理,又分别进行了密闭体系的光催化氮气固定化反应实验和往光催化反应器中加入不同自由基捕获剂的实验。

密闭体系下的氮气固定化反应实验是在一个 250 mL 的玻璃反应器内进行的,反应器侧壁有一个 2 cm×4 cm 大小的石英窗口用来接收紫外光照射,反应器内加入 150 mL、0.01 mol·L^{-1} 的硫酸钠溶液和 1 g P25,并将其置于磁力搅拌器上不断搅拌。为了保证反应所需的充足氮气,将此 250 mL 反应器与一个 5 L 的玻璃瓶通过蠕动泵组成一个气体环路并不断循环,分别在此气路循环中充满氮气和氧气进行实验。

在 30 W 紫外光照射下反应一定时间后,通过离子色谱仪测试水溶液中硝酸根含量的变化。

5 L 玻璃瓶中反应前后的气体也采用装有电子捕获检测器的气相色谱仪(SP-6890,Lunan Co.,China)和装有 MCT 检测器(high-sensitivity mercury-cadmium-teluride)的 FTIR(傅立叶变换红外吸收光谱仪,TENSOR 27,Bruker Co.,Germany)来测试其中的气体组分变化,气相色谱载气为氮气,进样口温度为 50 ℃。FTIR 的 MCT 检测器采用液氮冷却,采集到的吸收谱线通过非线性最小二乘法计算得到样品中气体浓度的差值。[10]

在光催化反应过程中起作用的自由基主要有光生空穴、羟基自由基以及超氧自由基等,而这些自由基都有相应的淬灭剂。因此,为了研究次光催化氮气固定化过程中的作用基团,分别在反应体系中加入了碘化钾(KI)以淬灭光生空穴和羟基自由基[11],加入异丙醇来淬灭羟基自由基[12],加入重铬酸盐来淬灭光生电子[13],并比较不同情况下硝酸根的生成速率以确定反应过程中主要的活性基团。

5.1.3

细菌胞外电子及其他方法促进光电催化固氮反应

哈伯-博施法是通过化学方法在高温条件下把氮气(N_2)与氢气(H_2)化合生成氨(NH_3),它使大气中氮的人为固定成为可能,而且还能将 N_2 转化为硝酸来生产肥料和炸药所需的硝酸盐。生产硝酸盐的固氮反应在人类的生产生活中占有重要的地位,而相对于哈伯-博施法的高温反应,通过氮气光催化固定化生产硝酸根的方法有其潜在的实用价值,因而我们也进行了提高氮气光固定化速率的实验,尝试利用外加 ERB 胞外电子以及 MFC 偏压法和 TiO_2 电极改性法提高固氮效率的可行性。

外加 ERB 胞外电子和 MFC 偏压法采用如 4.2.1 小节所示的单室空气阴极 MFC 来进行。用一块 3 cm×7 cm 的碳纸(GEFC Co.,China)作为阳极,一块负载了 Pt(2 mg·cm^{-2})的碳纸作为空气阴极,空气阴极和阳极溶液之间用质子交换膜(GEFC-10N,GEFC Co.,China)隔开。MFC 的阳极在反应器中富集培养了 2 个月,阳极碳纸表面形成了稳定的 ERB 群落,MFC 能够稳定地输出电流。它与光电催化反应器的连接方法如图 4.1 所示,也进行了与此相反的连接方式,即 MFC 的 ERB 阳极和光电催化反应器的光阳极相连,而空气阴极和光电催化反应器的对电极相连。

TiO_2(P25)改性采用了贵金属沉积改性法,即通过光沉积的方法在紫外光照射下以氯化银(AgCl)为前体,通过把银(Ag)沉积在 TiO_2 电极表面来提高光催化剂的性能以及银对可见光的响应。使用上述方法制得的 TiO_2 碳纸电极来制备银沉积的 TiO_2 催化剂(简称 Ag-TiO_2 催化剂)。沉积过程为:将 75 mL Ag-NO_3 溶液和 75 mL NaCl 溶液混合置于石英反应器中,用 NaOH 溶液调整 pH 至 12 后,将 TiO_2 碳纸电极置于上述溶液中通 N_2 15 min,不断搅拌并于紫外光照射 6 h 后取出,再用超纯水清洗后晾干使用。[14]

5.2

细菌胞外电子促进氮气固定化的过程与机制

5.2.1

氮气的光催化固定化

负载的 TiO_2 整体呈现蜂窝状结构,这种结构增大了电极上面负载 TiO_2 层的比表面积,增加了光催化过程中光催化剂接受光照以及与反应溶液的接触面积,进而提高了其光电催化性能[图 5.2(a)和图 5.2(b)]。通过 XRD 谱图可以看出,TiO_2 负载后还是由锐钛矿型和金红石型混合而成的,锐钛矿和金红石的比例约为 80∶20;TiO_2 负载前、后的晶型没有明显变化[图 5.2(c)],即电极上的 TiO_2 负载后仍保持原来 P25 的光电催化性能。[15]因此,所用的 TiO_2 碳纸电极保持了光催化剂原有的光催化性能,且具有较大比表面积的蜂窝状多孔结构。

氮气的人工化学固定化方法通常是通过哈伯-博施法来进行的,迄今为止尚无通过光催化直接实现氮气固定的文献报道。本实验中,在超纯水通空气的条件下把 TiO_2 碳纸电极暴露在紫外光下一段时间后,我们发现水中有硝酸根离子生成,虽然生成速度较慢,但是随着光照反应时间的延长,硝酸根的浓度也是不断增加的。考虑到这可能是实验误差,我们重复了该实验,发现此现象是可重复的[图 5.3(a)]。

又因为可能是空气中含有相当微量的氮氧化物,所以我们在紫外光照射反应之前先在超纯水中通 N_2/O_2(体积比为 3∶1/V∶V)标准气体 30 min,以尽量排除其他因素的干扰,然后开始光照,并且在光照中也一直通 N_2/O_2(3∶1/V∶V)标准气体。实验结果显示,在这种条件下仍然有硝酸盐的稳定生成[图 5.3(a)],且生成速度与通空气的时候差别不大。当只往光催化反应器的超纯水中通空气或者 N_2/O_2(3∶1/V∶V)标准气体时,通气 48 h 后水中无硝酸根检测出来。对铵根的测试结果也显示,随着硝酸根的生成并没有明显的铵根产生,故判断氮气

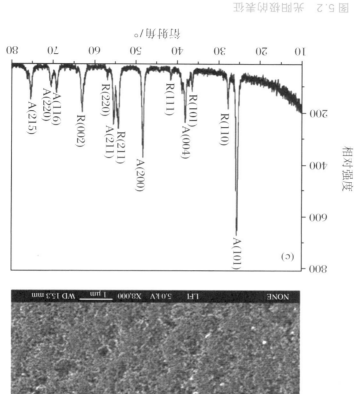

图 5.2 光阳极的表征

(a) 导电碳电极的 SEM 照片；(b) 负载了 P25 的碳电极的 SEM 照片；(c) P25 负载电极的 XRD 图谱，其中 A 代表锐钛矿，简称锐钛矿相，R 代表金红石相的简称金红石相

▷ 第5章

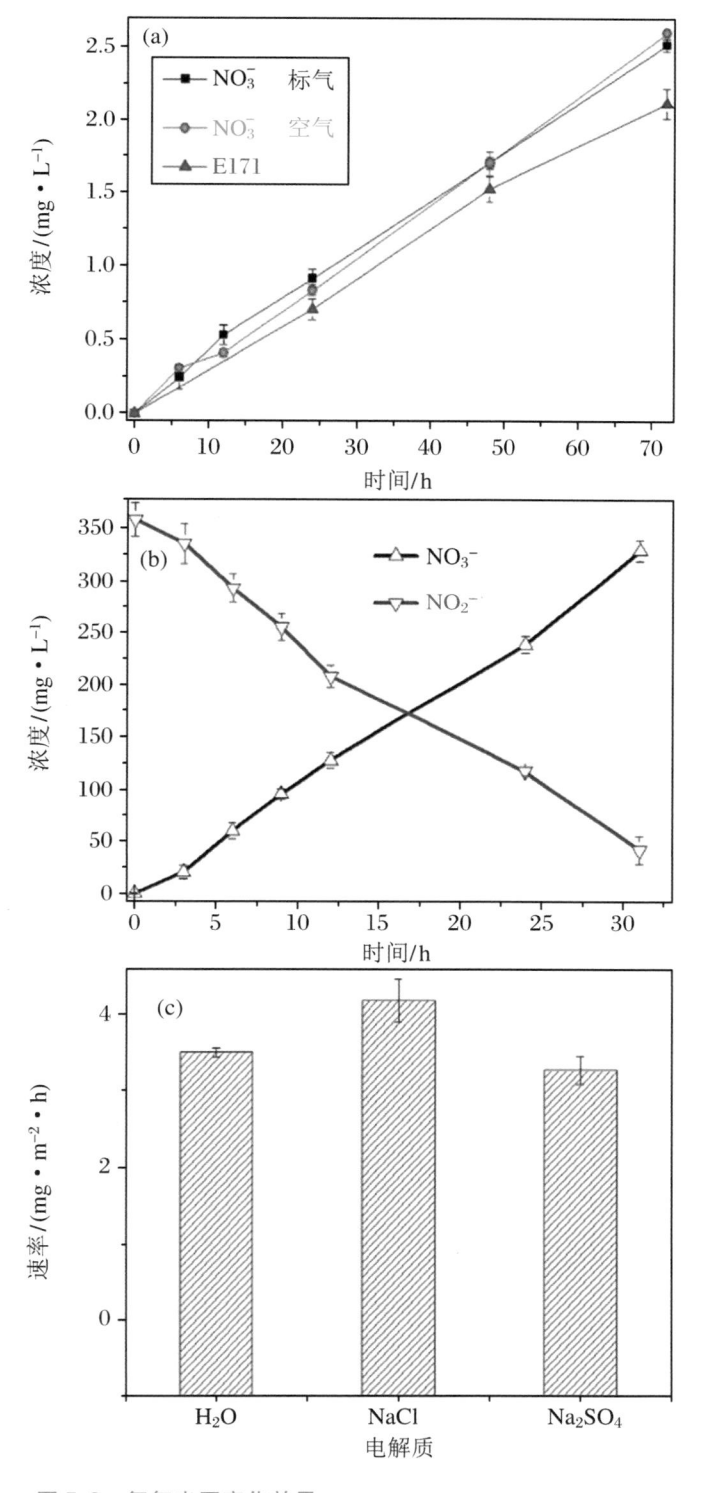

图 5.3　氮气光固定化效果

（a）超纯水中的氮气光固定化；（b）光催化对亚硝酸根的氧化；（c）改变电解质对氮气光固定化速率的影响

可以通过 TiO_2(P25)光催化较高选择性地转化为硝酸根,而无其他产物如亚硝酸根或铵根生成。根据硝酸根的生成浓度和时间的变化关系,可以发现它们基本呈简单的线性关系,即该氮气光固定化反应为零级反应。在 30 W 紫外灯照射下,超纯水中 TiO_2(P25)的固氮速率为 (3.51 ± 0.06) mg·m^{-2}·h,而另一种广泛应用的 TiO_2——E171 的固氮速率略低,为 (2.96 ± 0.11) mg·m^{-2}·h。

在光催化反应中,反应溶液的电解质对光催化反应的速率也有明显的影响,因而我们在超纯水中加入其他常见的电解质,来研究不同条件下的光催化氮气固定化速率。在亚硝酸根溶液中硝酸根的生成速率很快,为 (10.53 ± 0.56) mg·L^{-1}·h,但是随着硝酸根的生成,溶液中亚硝酸根的浓度不断减小,且二者浓度之和基本维持不变[图 5.3(b)]。这说明,在紫外光照射下 TiO_2(P25)能够把亚硝酸根快速地氧化成硝酸根。

随着支持电解质的加入,溶液中的离子强度增大,电导率增加的同时电解质的阴离子也会在 TiO_2 表面吸附,在提高电荷转移速度的同时也与待反应物存在竞争关系,对光催化反应来说会影响其催化反应速度。[16] 如图 5.3(c)所示,加入 0.01 mol·L^{-1} 的氯化钠能提高光催化的速率,而加入 0.01 mol·L^{-1} 的硫酸钠时反应速率会有所降低,这是因为虽然等摩尔的硫酸钠和氯化钠相比硫酸钠溶液的离子强度更大,但是相对于惰性电解质硫酸钠,氯离子能被羟基自由基氧化成氯酸根,氯酸根也会促进氮气的光固定化反应,从而提高氮气的光固定化反应速率,而惰性电解质硫酸钠中的硫酸根会与氮气的光固定化反应在光催化剂表面形成竞争吸附,导致氮气的光固定化反应速率有所降低[图 5.3(c)]。

上述实验表明,在紫外光激发的条件下,纳米 TiO_2 可以选择性地将氮气氧化后生成硝酸根,且反应速度会随着反应条件的改变而变化。

5.2.2

太阳光下光强和湿度对氮气光固定化的影响

纳米 TiO_2 无论是作为涂料,还是作为纺织工业添加剂,或者作为化妆品的防晒剂、自清洁材料,都与人们的生活密切相关,都不可避免地会在太阳光照射下和空气相接触。虽然太阳光光线中大部分都在可见光区域,但还是有可激发纳米 TiO_2 的紫外光存在。因此,研究纳米 TiO_2 在太阳光照射下的氮气固定化实验,以及太阳光的光强和周围环境空气湿度对光固氮反应的影响,有着重要的实际意义。

太阳光实验采用直接太阳光照射纳米 TiO_2 电极来进行。为了减小空气湿度的影响,采用在纳米 TiO_2 电极表面缓慢滴加超纯水的方法保持其表面的湿润。每隔固定的时间采用照度仪测试太阳光的光强,反应后通过多次清洗纳米 TiO_2 电极来收集所生成的硝酸根并定量。某年 9 月 20 日和 21 日两天在北纬 $31.52°$、东经 $117.17°$(安徽合肥)的自然光条件下所进行的太阳光光催化实验结果如图 5.4(a)和图 5.4(b)所示。图 5.4(a)和图 5.4(b)是检测了 20 日和 21 日早上 8:30 到晚上 18:30 之间 10 h 内的太阳光照度,并把这 10 h 分为 4 个 2.5 h 的时间段进行光催化氮气固定化实验。由图中可以看出,硝酸根的生成速率随太阳光照度的增加而增加,每天均以 11:00—13:30 这个时间段内的太阳光照度最强,而硝酸根生成速率也最快;20 日时随后的 13:30—16:00 时间段的次之;而 21 日由于这个时间段的天气变化,太阳光强度减弱,导致硝酸根的生成速率也较小;傍晚时分的 16:00—18:30 时间段由于太阳落山,光强度最弱,成为一天之内氮气光固定化生成硝酸根速率最慢的时段。这些结果说明,纳米 TiO_2 光催化氮气固定化在太阳光下也是可以发生的,且反应速率在一定条件下随太阳光强度的增加而增加。

相对湿度(relative humidity,RH)是指空气中实际水汽压与饱和水汽压的百分比。在自然条件下,空气的相对湿度也是气候状况的一个重要指标,且各地区的相对湿度均是持续变化的。为了探索相对湿度对光催化氮气固定化的影响,在模拟气候箱中固定温度和光照的条件下,研究了相对湿度与纳米 TiO_2 光催化氮气固定化反应速度之间的关系。结果表明[图 5.4(c)],在相对湿度为 60% 的时候,氮气光固定化反应速度最快,在 40% 的时候次之,而在 80% 的时候反应速度最慢。

分析其原因可能是:氮气的光催化固定化反应需要有水分子参与,若湿度较低会限制反应的进行,故这个阶段反应速度会随着相对湿度的增加而加快。这一点也通过上述太阳光条件实验得到了验证。在上述太阳光实验中,如果不在纳米 TiO_2 光催化电极表面一直提供超纯水,而是保持其干燥自然状态,其硝酸根的生成速度会下降 20% 左右。而当相对湿度达到一定程度后,会在空气中形成大量的水雾,这些水雾会影响纳米 TiO_2 表面所接受的光照射,因而降低光催化反应的速率,这可以从图 5.4(c)的结果得到证实。虽然光源固定,但在相对湿度为 80% 的时候,纳米 TiO_2 电极表面的太阳光照度最弱,且当光源强度固定时太阳光照度随相对湿度的增加而减小。

▷ 细菌胞外电子促进光电催化氮气固定化

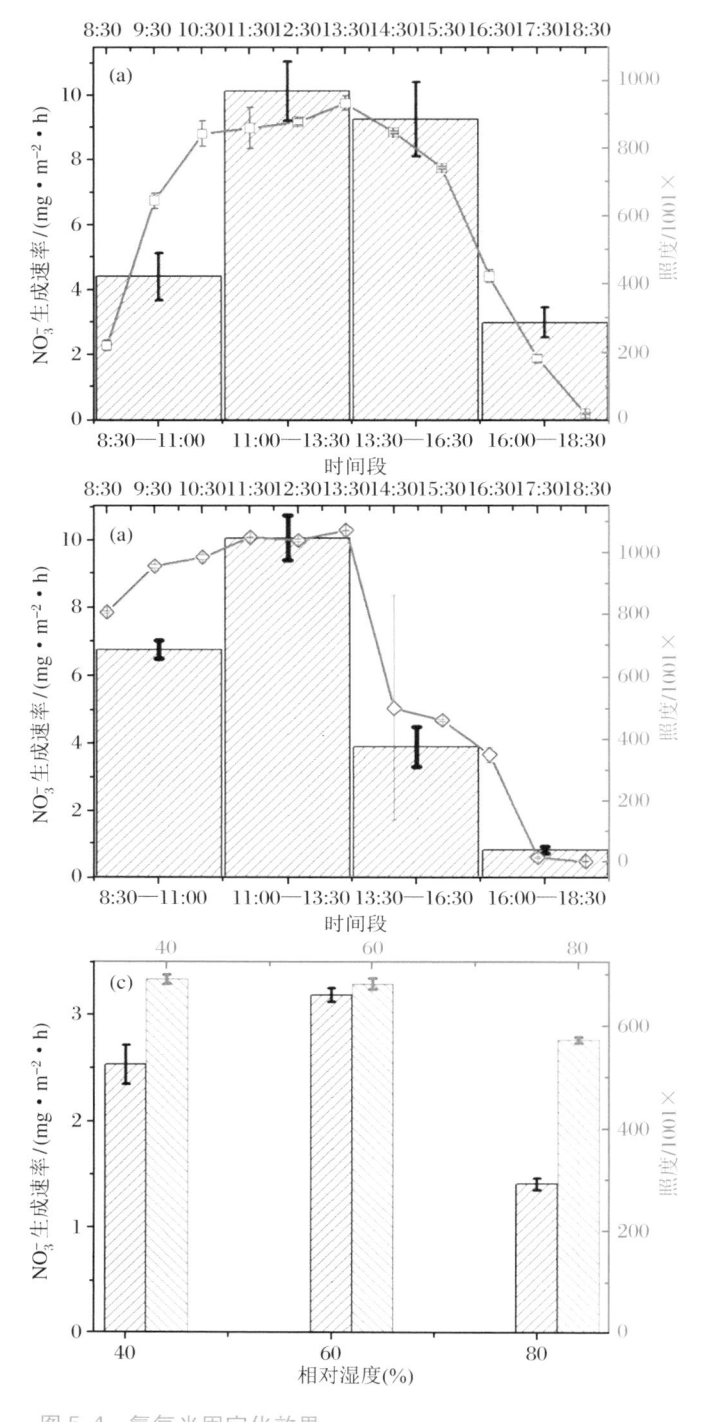

图 5.4　氮气光固定化效果

（a）某年 9 月 20 日在北纬 31.52°、东经 117.17°（安徽合肥）的
太阳光照度和硝酸根的生成；（b）某年 9 月 21 日的实验结果；
（c）模拟气候箱内不同湿度对纳米 TiO_2 电极表面太阳光照
度和硝酸根生成速率的影响

▷ 第5章

从上述结果可以看出,在含有紫外线太阳光的照射下,纳米 TiO_2 也可以将氮气选择性地转化成硝酸根,且这个反应的硝酸根生成速度随着太阳光照度和空气湿度的变化而变化。考虑到纳米 TiO_2 的广泛应用,这个反应是普遍存在于我们日常生活中的。

5.2.3

氮气光催化固定化的作用原理和意义

对于氮气光固定化反应,分析其中间产物和可能的反应步骤是必须的,因此可通过密闭体系的光催化反应来收集反应过程中的气体中间产物,并采用 GC 和 FTIR 对其进行测定。而对于光催化过程中起作用的活性基团则采用添加不同活性基团淬灭剂的方法来确定。

在密闭反应器中,随着光催化时间的增加,反应器中的硝酸根浓度也不断增加[图 5.5(a)]。在密闭反应器反应 72 h 后取相连的 5 L 气体收集玻璃瓶中的气体进行分析测定。如图 5.5(b)所示的 GC 结果表明,与光催化反应前相比,在保留时间约为 1.25 min 时明显有一个气体吸收峰的出现和增大,该位置的吸收峰应该为 NO 的吸收峰。因此,可以推断在氮气光固定化中有 NO 中间产物的生成。

FTIR 光谱的分析计算结果也显示,反应前后气体中 N_2O 的浓度无明显变化,而 NO 浓度在反应后约增加了 200 ppb[图 5.5(c)和图 5.5(d)],这也验证了 GC 的测试结果。因此,可以断定在此反应过程中有 NO 作为反应中间产物生成。

可以推断下列反应在此光电催化氮气固定化体系中是存在的,即 NO 被 O_2 进一步氧化成 NO_2[反应式(5-1)];NO_2 会和水发生歧化反应生成硝酸和 NO[反应式(5-2)];而 NO_2 会再和 O_2 与水生成硝酸[反应式(5-3)]。[17]这些反应的标准吉布斯自由能变化($\Delta_r G_m^{\ominus}$)分别为 $-69.70 \ kJ \cdot mol^{-1}$,$-52.80 \ kJ \cdot mol^{-1}$ 和 $-175.30 \ kJ \cdot mol^{-1}$,都是可以自发进行的,且根据文献报道反应速度均足够快。因此,在这个光电催化氮气固定化反应中,把比较稳定的氮气氧化成氮氧化物是最重要和关键的一步。

$$2NO + O_2 \longrightarrow 2NO_2 \tag{5-1}$$

$$3NO_2 + H_2O \longrightarrow 2HNO_3 + NO \tag{5-2}$$

$$4NO_2 + O_2 + 2H_2O \longrightarrow 4HNO_3 \tag{5-3}$$

▷ 细菌胞外电子促进光电催化氮气固定化

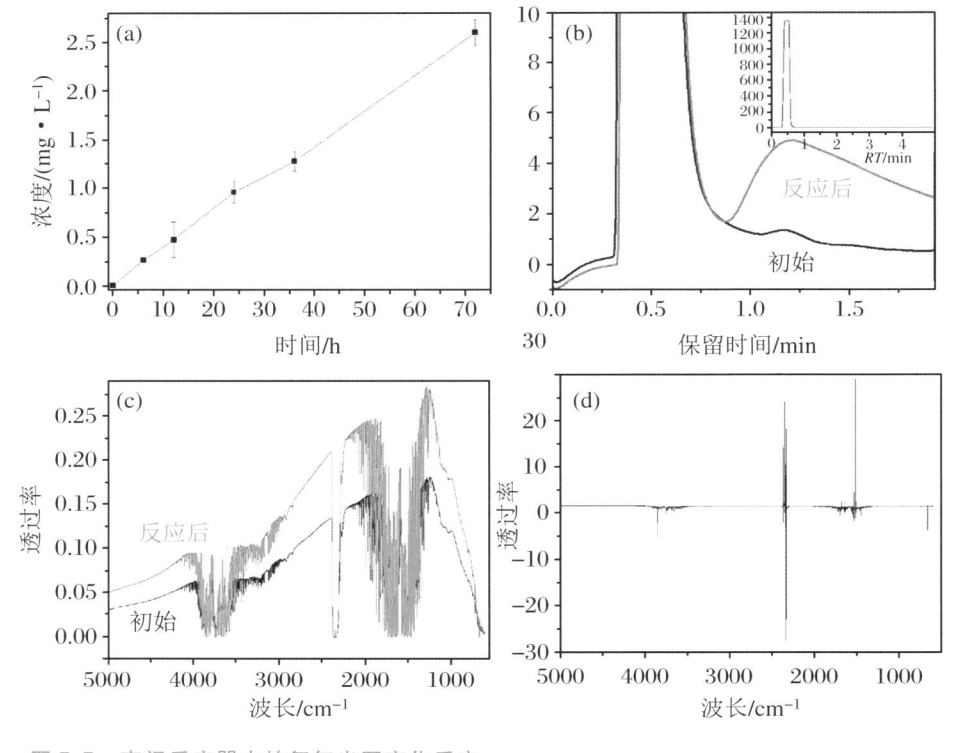

图 5.5　密闭反应器内的氮气光固定化反应

（a）密闭反应器内硝酸根的生成速度；（b）密闭反应器内气体组分变化放大图，其中插入图为原图；（c）反应前、后密闭反应器内气体的 FTIR 谱图；（d）反应前、后 FTIR 谱图的差谱。

对光催化反应来说，能够起到氧化作用的主要是光生空穴，以及光生空穴和水分子、氧分子反应生成的羟基自由基和超氧自由基。研究表明，当溶液中有碘离子存在时能够优先和光生空穴反应，而异丙醇可以优先和羟基自由基反应，TEMPOL 则可以淬灭氧自由基，重铬酸根可以淬灭光生电子。因此，我们在光催化氮气固定化体系中分别加入这些物质来判断此体系中起作用的氧化性基团。

加入淬灭剂后的实验结果如图 5.6 所示。可以看出，无论是加入 KI 淬灭光生空穴，还是加入异丙醇淬灭羟基自由基，都能基本阻止此固氮反应，但这并不能说明在此反应中羟基自由基和光生空穴都是必需的活性基团，因为当这些淬灭剂在和相应的基团结合时会吸附在 TiO₂ 光催化电极表面，从而在体系中残留大量的还原性光生电子，并且抑制其产生超氧自由基的反应。即使生成的少量超氧自由基能够氧化氮气生成 NO，随后生成的硝酸根也会被残余光生电子所还原，如同光催化硝酸根还原过程中的空穴淬灭剂的作用一样。所以，这些实验

099

▷ 第5章

结果并不能排除超氧自由基的作用。

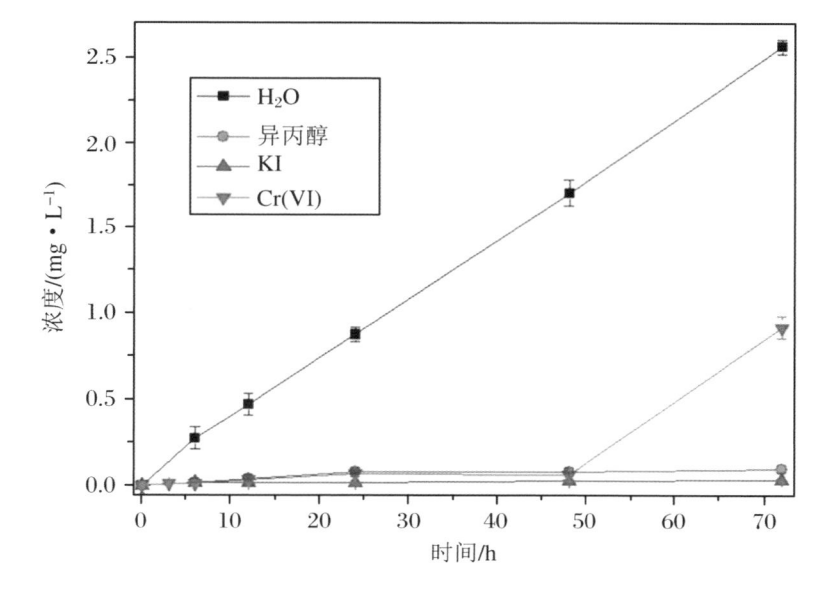

图 5.6 加入 KI、异丙醇和重铬酸根做捕获剂后的氮气光固定化效果对比

从加入电子淬灭剂重铬酸根的情况中，可以发现初始的 48 h 内硝酸根的浓度增长缓慢，而在 48～72 h 的时间段内具有和不加任何淬灭剂时相似的增长速度（图 5.6），推测此时应为重铬酸根被完全消耗，从而使光催化固氮速率恢复正常。由于重铬酸根的作用是淬灭电子[13]，会阻碍超氧自由基的产生，由此可以推断在此固氮过程中，超氧自由基应该起着主要的作用，即光生电子和 TiO_2 表面吸附的氧分子反应生成超氧自由基（$\cdot O_2{}^-$），再和 N_2 反应［反应式(5-4)］，这是 NO 的主要生成过程。

$$N_2 + O_2 \longrightarrow 2NO \qquad (5\text{-}4)$$

由于在重铬酸根存在时，前面 48 h 硝酸根浓度也略微增加，故推测氮气也会部分和纳米 TiO_2 表面的羟基自由基反应生成 NO［反应式(5-5)］。根据实验结果可知，此反应所占的比重可能要低于反应式(5-4)。

$$N_2 + 4OH \cdot \longrightarrow 2NO + 2H_2O \qquad (5\text{-}5)$$

上述结果表明，在此固氮反应过程中会产生中间产物 NO，而 NO 化学性质活泼，很容易和氧气反应生成具有强腐蚀性和毒性的气体 NO_2。而氮氧化物则是大气污染、温室效应以及酸雨的罪魁祸首。一方面，NO 是光化学烟雾和酸雨的主要成分之一，也会产生温室效应；另一方面，NO 本身是一种信使分子，被《科学》杂志评为明星分子，它被发现广泛分布在生物体内各个组织中，在心脑血管调节、神经免疫调节等方面有着重要的生物学作用。但是它长期暴露对人体是有害的，会引发组织毒性、血管衰竭，以及青少年糖尿病、多发性硬化症、关节炎和溃疡性结肠炎等疾病。[18-19]而对于该反应所生成的硝酸盐,由于纳米 TiO_2 在日常生活用品如陶瓷、食品包装、抗菌性餐具等中的普遍应用,在这些用品的使用过程中不断生成的硝酸根会持续被人体所摄入。人体摄入的硝酸盐过高是有危害的,当硝酸根进入人体后会被还原成亚硝酸盐而影响血液中的氧浓度,并导致婴幼儿高铁血红蛋白症,且过量的硝酸盐也是致癌物质。

对于更大范围的纳米 TiO_2 的用途,如用于涂料、塑料、油墨、功能纤维、化妆品、油漆等,在这些情况下 TiO_2 不可避免地会长时间暴露在太阳光下,因而也会持续地生成硝酸盐,并向空气中释放 NO,造成环境污染。全世界涂料生产中每年约消耗 4×10^6 t 的纳米 TiO_2,假如其中的 1/4 用于室外,这些纳米 TiO_2 每天大约能产生 1000 t 的硝酸根排放到环境中,如果再加上其他诸如塑料、化妆品、油漆等方面的应用以及室内应用所受到的光照,那么每天的硝酸盐生成量和NO 排放量将更多。这些还只是在过去的基础上所增加的数值,若考虑这些年TiO_2 使用量的累加,得到的结果将更是惊人。如此大量的固氮反应有可能影响全球氮循环中人工氮气固定化的方式(图 5.7)。由于纳米 TiO_2 的大规模普遍应用,氮气的光催化固定化方法也成为人工固氮的一个不可忽略的方法。当这些过量的硝酸盐进入水体后也会引起水体富营养化,并引发藻华和赤潮现象。[6]

因此,由于纳米 TiO_2 的广泛应用而引起的氮氧化物和硝酸盐的持续生成,以及人工固氮对氮循环的改变等,应该得到充分的关注。

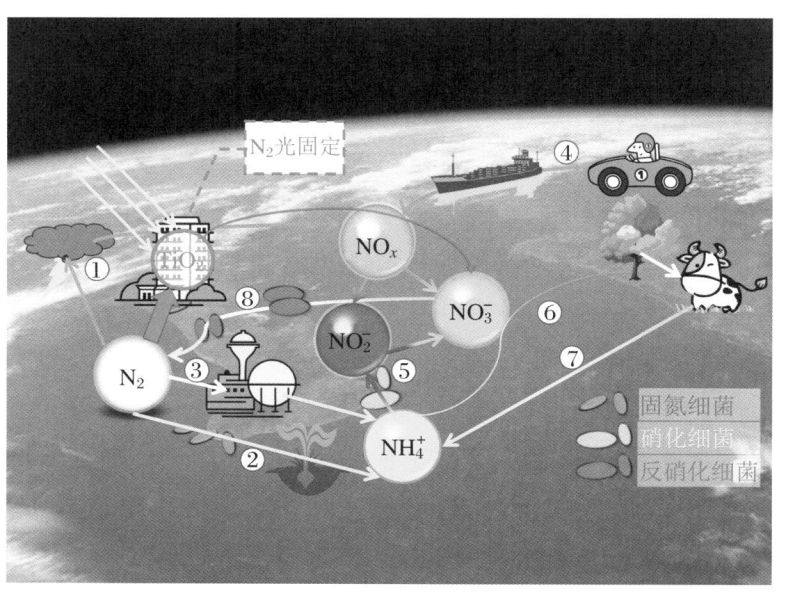

图 5.7 氮气光固定化对全球氮循环的影响

▷ 第5章

5.2.4

细菌胞外电子和其他方法对光催化氮气固定化的促进作用

过量的硝酸盐无论是对人体健康还是对水体生态都是有害的,但如图 2.7 中途径⑥所示,硝酸盐也为植物的生长提供了必需的氮元素。植物吸收 NO_3^- 量大,且是主动吸收,过量吸收无毒害;NO_3^- 易溶于水,在土壤中移动较快且对 Ca、Mg、K 等养分的吸收无抑制作用,而当植物缺氮时,其体内蛋白质合成受阻,细胞分裂活性也会下降。$NaNO_3$、NH_4NO_3、KNO_3 均是常见的农用化肥。因此,哈伯-博施法被普遍用来人工固氮生产硝酸盐,但是该方法需要在 200 兆帕、400 ℃ 及催化剂存在的条件下,才可以将氮气和氢气合成氨而实现氮气的固定化,如此极端的反应条件和大量氢气的需求限制了此方法的广泛应用。而我们发现的光催化固氮生成硝酸盐的方法所需要的条件温和、简单,只需要廉价的纳米 TiO_2 即可在太阳光照射下把空气中的氮气不断地转化为硝酸盐。虽然上面实验结果所得到的硝酸盐生成速率较慢,但是考虑到未优化的 P25、30 W 的紫外灯等条件,因此此反应的速率还有进一步提高的可能。

如前所述,提高光催化反应的速度可以采用外加电源法以及电极改性法等。在上面的实验中也证实了以 ERB 为阳极生物催化剂构建 MFC,可使 ERB 代谢过程中传递的电子得到原位利用,并把此 MFC 所产生的电能作为外加偏压,可以抑制 PEC 中光阳极上的 TiO_2 在紫外光照射下生成的光生电子和光生空穴的复合。而贵金属(如 Ag)具有较低的费米(Fermi)能级,当它们沉积在半导体光催化剂表面相互接触时,光生电子将从能级高的半导体导带转移到较低的贵金属表面,从而实现光生电子和光生空穴的分离,提高半导体光催化剂的催化效率。[14,20]而且对光电催化反应来说,在反应溶液中加入电解质能够增加溶液的电导率和其中的电子转移速度,从而增加光电催化反应的速率。故下述实验均选择在 $0.01\ mol \cdot L^{-1}\ Na_2SO_4$ 体系中进行。

为了提高此光催化固氮效率,我们尝试了不同的方法和条件。如表 5.1 所示,当使用单纯的 P25 时硝酸盐的生成速率最低,而向体系中不断通气以增加反应物浓度和用 MFC 提供偏压的方法,均能提高体系中硝酸盐的生成速率;对于单纯的 P25 负载电极,当两个条件都存在时具有最大的硝酸盐生成速率，此时约为无通气、无 MFC 时的 3 倍。这是由更高的反应物浓度和更高效的光生电子和光生空穴的分离效率引起的。在 MFC 提供外加偏压的情况下，通气的时候对光电极提供正向和负向的偏压均能提高固氮速率，其中以负向的情况，即 MFC 的生物阳极与光催化电极连接时提高的速率较大。推测这是因为此时 ERB 所产生的胞外电子被用来消耗 TiO_2 在紫外光照射下生成的光生空穴，从而大量剩余的光生电子会和光电极表面吸附的氧分子反应生成超氧自由基，进而促进光催化固氮反应的进行。这也与前面所推断的超氧自由基起主要作用而羟基自由基也能光催化固氮的反应机理相一致。

表 5.1　不同条件下硝酸盐的生成速率

条件变化					固氮速率 /(mg·m^{-2}·h)
催化剂	通气	电解质	电压	光照	
TiO_2	无	Na_2SO_4	无	紫外光	2.06 ± 0.16
TiO_2	有	Na_2SO_4	无	紫外光	3.28 ± 0.18
TiO_2	有	Na_2SO_4	有	紫外光	6.08 ± 0.07
$Ag-TiO_2$	无	Na_2SO_4	无	紫外光	5.50 ± 0.14
$Ag-TiO_2$	有	Na_2SO_4	无	紫外光	7.98 ± 0.21
$Ag-TiO_2$	有	Na_2SO_4	有	紫外光	12.11 ± 0.32

　　对 P25 电极进行改性、在其上负载 Ag 之后，由于 Ag 粒子的沉积而进一步增加了光生电子和光生空穴的分离速度和效率，因此可以预见光催化固氮速度会进一步提高。实验结果也验证了这一推断（表 5.1），相对于 P25，$Ag-TiO_2$ 电极在各个条件下的固氮速率均有提高，在 $Ag-TiO_2$ 电极的光催化固氮反应器上用 MFC 施加外加偏压获得了最大的固氮速率 (12.11 ± 0.32) mg·m^{-2}·h，比 P25 电极的速率提高了约 1 倍。这些结果表明，此光催化固氮反应的速率还有很大的提高潜力。

　　太阳光具有巨大潜力，如何充分地利用太阳光来催化此固氮反应，应该是此人工固氮反应得以实际应用所需解决的核心问题。TiO_2 电极表面由于 Ag 的沉积会呈现棕褐色，因此 Ag 的沉积在提高光电催化效率的同时也会扩展光催化所吸收的光的范围，故在太阳光下 $Ag-TiO_2$ 电极会表现出更好的光催化性能，即有更高的光催化固氮速率。同样外界条件下的 TiO_2 和 $Ag-TiO_2$ 电极，在没有水滴润湿的情况下的硝酸盐生成速率如图 5.8 所示。由于 Ag 的负载而使得硝酸盐的生成速率大幅度提高,尤其是 10:30—12:30 和 12:30—15:00 这两个光照较强烈的时间段,硝酸盐生成速率均提高了 1 倍左右。这些结果均说明,此光催化固氮现象除了造成环境污染的负面影响外,也可能具有正面的实用价值。

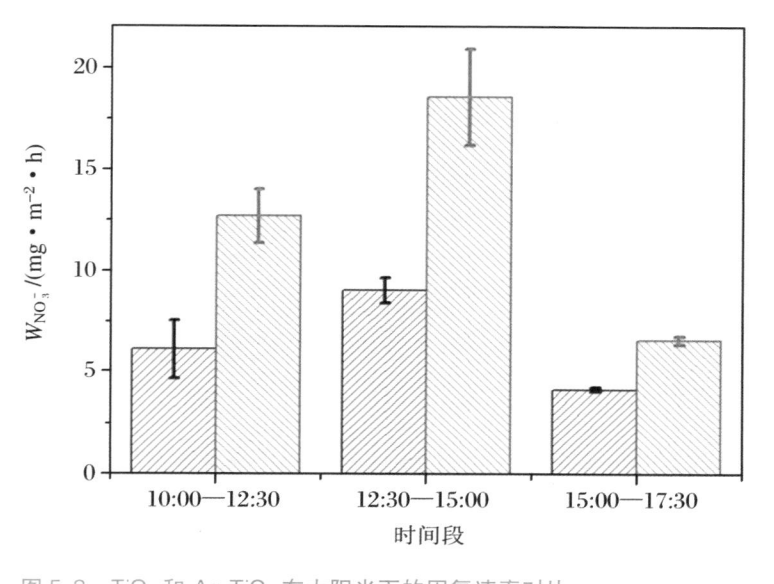

图 5.8　TiO_2 和 $Ag-TiO_2$ 在太阳光下的固氮速率对比

综上所述,我们发现目前世界上广泛使用的纳米 TiO_2（P25,E171）能够在紫外光照射下将空气中的氮气选择性地转化为硝酸根,即实现氮气的直接选择性光催化固定化。在 N_2/O_2（3:1/v:v）标准气体中的实验也获得类似的结果,验证了上述结论;由此也发现了在太阳光下的 TiO_2 光固氮现象,是太阳光中存在能激发 TiO_2 的紫外线的缘故,并考察了自然条件下太阳光照度和空气湿度对氮气光固定化速率的影响;密闭体系内的实验显示此氮气光固定化的中间产物为 NO,通过添加不同自由基淬灭剂的实验,证明氮气的光催化氧化是通过超氧自由基起作用的,羟基自由基也能起到一定的光催化氮气固定化作用。通过 ERB 提供胞外电子并施加偏压和 Ag 沉积催化剂改性,均能提高光催化氮气固定化反应速率,暗示此反应的速度还有很大的提高潜力。

鉴于纳米 TiO_2 在全球范围内日常生活用品中被普遍使用,TiO_2 同时被暴露于空气中和阳光下是不可避免的,故此光催化氮气固定化反应过程是普遍存在的,即当这些物品暴露在空气和阳光下时,其表面会不断生成硝酸根,同时向空气中排放 NO 气体。这些实验结果揭示了这个一直被忽略的、可能影响全球氮循环的人工固氮现象,分析了其"双刃剑"的作用:一方面,由于 TiO_2 在人类日常生活用品中的普遍使用,此反应生成的硝酸根会不断被人体吸收,可能对人体造成危害,排放的 NO 气体也是一种空气污染物;另一方面,这一氮气光催化固定化过程提供了一个可能的利用太阳光直接生产硝酸盐的途径,这也为 ERB 和 TiO_2 半导体纳米光催化剂之间的电子传递过程,提供了另一种具有实际意义的应用途径。

参考文献

[1] Zhang J,Zheng L,Wang F,et al. The critical role of furfural alcohol in photocatalytic H_2O_2 production on TiO_2[J]. Applied Catalysis B:Environmental,2020(269):118770.

[2] Xu J,Liu N,Wu D,Gao Z,et al. Upconversion nanoparticle-assisted payload delivery from TiO_2 under near-infrared light irradiation for bacterial inactivation[J]. ACS Nano,2020(1):337-346.

[3] Hutchins D A,Fu F. Microorganisms and ocean global change[J]. Nature Microbiology,2017(2):17058.

[4] Mallik A,Li Y,Wiedenbeck M. Nitrogen evolution within the Earth's atmosphere-mantle system assessed by recycling in subduction zones[J]. Earth and Planetary Science Letters,2018(482):556-566.

[5] Luo X,Meng F. Roles of organic matter-induced heterotrophic bacteria in nitritation reactors:ammonium removal and bacterial interactions[J]. ACS Sustainable Chemistry & Engineering,2020(8):3976-3985.

[6] Pan J,Ma J,Wu H,et al. Application of metabolic division of labor in simultaneous removal of nitrogen and thiocyanate from wastewater[J]. Water Research,2019(150):216-224.

[7] McCarty P L. What is the best biological process for nitrogen removal:when and why?[J]. Environmental Science & Technology,2018(52):3835-3841.

[8] Garcia-Segura S,Lanzarini-Lopes M,Hristovski K,et al. Electrocatalytic reduction of nitrate:fundamentals to full-scale water treatment applications

[J]. Applied Catalysis B: Environmental, 2018(236): 546-568.

[9] Yang L, Wang X, Suchyta D J, et al. Antibacterial activity of nitric oxide-releasing hyperbranched polyamidoamines [J]. Bioconjugate Chemistry, 2018(29): 35-43.

[10] Wang H, He W J, Dong X A, et al. In situ FT-IR investigation on the reaction mechanism of visible light photocatalytic NO oxidation with defective g-C_3N_4 [J]. Science Bulletin, 2018(63): 117-125.

[11] Zhang J, Yuan M, Liu X, et al. Copper modified Ti^{3+} self-doped TiO_2 photocatalyst for highly efficient photodisinfection of five agricultural pathogenic fungus [J]. Chemical Engineering Journal, 2020(387): 124171.

[12] Vali A, Malayeri H Z, Azizi M, et al. DPV-assisted understanding of TiO_2 photocatalytic decomposition of aspirin by identifying the role of produced reactive species [J]. Applied Catalysis B: Environmental, 2020 (266): 118646.

[13] Pirozzi D, Imparato C, D'Errico G, et al. Three-year lifetime and regeneration of superoxide radicals on the surface of hybrid TiO_2 materials exposed to air [J]. Journal of Hazardous Materials, 2020(387): 121716.

[14] Khalil M, Anggraeni E S, Ivandini T A. Budianto Emil, Exposing TiO_2 (001) crystal facet in nano Au-TiO_2 heterostructures for enhanced photodegradation of methylene blue [J]. Applied Surface Science, 2019(487): 1376-1384.

[15] Sułek A, Pucelik B, Kuncewicz J, et al. Sensitization of TiO_2 by halogenated porphyrin derivatives for visible light biomedical and environmental photocatalysis [J]. Catalysis Today, 2019(335): 538-549.

[16] Mikrut P, Kobielusz M, Macyk W. Spectroelectrochemical characterization of euhedral anatase TiO_2 crystals-Implications for photoelectrochemical and photocatalytic properties of {001} {100} and {101} facets [J]. Electrochimica Acta, 2019(310): 256-265.

[17] Low J, Cheng B, Yu J. Surface modification and enhanced photocatalytic CO_2 reduction performance of TiO_2: a review [J]. Applied Surface Science, 2017(392): 658-686.

[18] Somasundaram V, Basudhar D, Bharadwaj G, et al. Molecular mechanisms of nitric oxide in cancer progression, signal transduction, and metabolism

［J］. Antioxidants & Redox Signaling，2019(30)：1124-1143.

［19］ Hays E，Bonavida B. Nitric oxide-mediated enhancement and reversal of resistance of anticancer therapies［J］. Antioxidants，2019(8)：407.

［20］ Li X，Yu J，Mietek J. Hierarchical photocatalysts［J］. Chemical Society Reviews，2016(45)：2603-2636.

第 — **6** — 章

细菌胞外电子促进光电催化反硝化

▷ 细菌胞外电子促进光电催化反硝化

硝酸盐的生成和被植物吸收利用是全球氮循环过程中的关键步骤,是氮循环进入生物圈的主要途径。随着哈伯-博施法使人工固氮生产硝酸盐成为可能并应用于工业生产,农业对硝酸盐类肥料的使用量也逐年增加。未被农作物吸收的剩余过量硝酸根离子将进入地下水循环,使地下水中的硝酸盐含量不断上升,并且将随着水循环对整个地球水环境造成巨大影响,引起一系列问题。[1-3]

无论是金属沉积还是空穴捕获剂的额外加入,均是为了阻止光生电子和光生空穴的再复合,并且使具有催化还原能力的光生电子尽可能分离出来,以和硝酸盐发生反应。贵金属沉积可以在催化剂表面富集光生电子,而空穴捕获剂则消耗光生空穴从而增加光生电子的寿命。如前所述,ERB 能够产生电子并通过胞外电子传递过程把电子传递给胞外固体电子受体,MFC 通过 ERB 的胞外电子传递功能来产生电流。在第 5 章所述的工作中,我们曾推测 ERB 所产生的胞外电子可能消耗纳米 TiO_2 在紫外光照射下生成的光生空穴,因此,如果把 ERB 所产生的电子传递到激发的光催化剂表面使其和光生空穴复合,那么可以在不加额外空穴捕获剂的情况下,有大量的光生电子来实现硝酸盐的光电催化还原反应。在本章所述的工作中,我们将构建这样的体系,并初步探索在不同实验条件下的光电催化硝酸盐还原效果。

6.1

细菌胞外电子促进反硝化的设备搭建

6.1.1

不同反应条件下的光催化反硝化

光催化反硝化反应器是一个直径为 6 cm、高为 6.5 cm 的石英玻璃圆柱体,其中加入 150 mL、0.01 mol·L^{-1} 的硝酸钠溶液,并根据实验需要加入不同的空穴捕获剂。自制的纳米 TiO_2 光电极被垂直放置在光催化反应器内,上面用不透光的薄板盖上,以减少溶液蒸发或意外溅出。反应器采用一个 30 W 的低压汞灯作为光源，低压汞灯位于光电催化反应器外部距光阳极 10 cm 处。

纳米 TiO_2 光电极是通过把 TiO_2（P25，Dergussa Co.，Germany）薄膜覆盖在碳纸电极上得来的。制备方法为：将 TiO_2 粉末、分析纯无水乙醇、聚乙二醇（PEG）-400 按照约 25 g∶300 mL∶2 mL 的比例置于 500 mL 烧杯中，施加超声波 30 min 使其混合均匀。取一块 3 cm×7 cm 大小的碳纸（GEFC Co.，China）置于烧杯中，且浸没在混合液中，使其表面形成均匀的上述混合液涂层，然而小心地取出碳纸，置于 120 ℃ 烘箱中，蒸干乙醇后再置于马弗炉中 400 ℃ 煅烧 2 h，以完全除去聚乙二醇。制备的光阳极上 TiO_2 的负载量约为 0.1 g。

对所制备的纳米 TiO_2 光电极上的 TiO_2 晶型结构，采用 X 射线衍射（XRD，X′Pert PRO，Philips Co.，the Netherlands)的方法进行表征，并利用扫描电子显微镜（SEM，JSM-6700F，JEOL Co.，Japan）观察其在纳米 TiO_2 光电极上的分布情况。

为了提高此光催化反硝化反应的效率，通常会对催化剂进行改性（贵金属负载），并在反应体系中尝试加入不同的空穴捕获剂（如草酸、甲酸、甲醇等)。[7-9] 贵金属沉积可以在催化剂表面富集光生电子，而空穴捕获剂则消耗光生空穴从而增加光生电子的寿命。为获得不同反应条件下的光催化反硝化反应速率，我们先固定空穴捕获剂的种类和浓度，研究光催化电极在不同条件下的改性效果，然后采用上述实验获得的有最佳效果的改性后的光催化剂，比较不同空穴捕获剂的性能。

对于光催化电极的改性仍采用贵金属 Ag 光沉积法，在紫外光照射下以氯化银为前体，把 Ag 沉积在 TiO_2 电极表面来提高光催化剂的性能。我们使用自制的 TiO_2 碳纸电极来制备 Ag 沉积的 TiO_2 催化剂（Ag-TiO_2 催化剂）。沉积过程为：将 75 mL $AgNO_3$ 溶液和 75 mL NaCl 溶液混合置于石英反应器中，用 NaOH 溶液调整 pH 至 12 后，将 TiO_2 碳纸电极置于上述溶液中通 N_2 15 min，不断搅拌下紫外光照射 6 h 后取出，用超纯水清洗后晾干使用。[10] 通过改变所用 $AgNO_3$ 和 NaCl 溶液浓度来调节 TiO_2 碳纸电极表面 TiO_2 所沉积的 Ag 量，然后以 6 mL、98%甲酸加入 150 mL、0.01 $mol \cdot L^{-1}$ 的硝酸钠作为固定的反应体系，来评估单纯的 TiO_2 碳纸电极以及不同 Ag 沉积量的 Ag-TiO_2 光催化电极的性能。采用上述实验获得的最佳 Ag 沉积量的 Ag-TiO_2 光催化电极和 150 mL、0.01 $mol \cdot L^{-1}$ 的硝酸钠作为固定体系，分别加入相同量的不同空穴捕获剂甲酸、甲酸钠、甲醇、EDTA 来评价不同空穴捕获剂的性能，并分析可能的原因，而对于性能最佳的空穴捕获剂则通过改变其加入量来确定可能的优化使用量。

上述实验每隔一定时间取样，样品中硝酸根的浓度采用离子色谱仪（ICS-

1000，Dionex Co.，USA）进行测定。柱子型号为 AS-14A，抑制器型号为 ASRS-UL TRA II 4 mm，检测器为 DS6 HEATED CONDUCTIVITY CELL，测样时抑制器电流为 43 mA，柱温为 30.0 ℃，所用淋洗液为 8 mmol · L^{-1} Na$_2$CO$_3$/ 1 mmol · L^{-1} 的 NaHCO$_3$，流速为 1.0 ml · min^{-1}。

6.1.2

细菌胞外电子促进光电催化反硝化反应

第 4 章所述的对硝基苯酚降解实验是通过利用 ERB 所产生的部分质子消耗 TiO$_2$ 表面所产生的光生电子，并把 ERB 所产生的胞外电子用 TiO$_2$ 所产生的光生空穴在其表面反应过程中所生成的质子消耗掉，从而降低 TiO$_2$ 的光生电子和空穴的复合率，提高对硝基苯酚的降解速率。上述 MFC 促进光电催化反应装置的构建如图 4.1 所示。而在本章所述的工作中，由于需要把 ERB 所产生的胞外电子传递到 TiO$_2$ 表面，以消耗在电子跃迁过程中所生成的光生空穴，需要采用与图 4.1 相反的反应器连接方式，即 MFC 的 ERB 阳极和光电催化反应器的光阳极相连，而空气阴极与光电催化反应器的对电极相连。

采用单室空气阴极 MFC 来进行实验。用一块 3 cm×7 cm 的碳纸（GEFC Co.，China）作为阳极，一块负载了 Pt（2 mg · cm^{-2}）的碳纸作为空气阴极，空气阴极和阳极溶液之间用质子交换膜（GEFC-10N，GEFC Co.，China）隔开。MFC 的阳极在反应器中富集培养了 2 个月，阳极碳纸表面形成了稳定的 ERB 群落，MFC 能够稳定地输出电流。阳极体积为 430 mL，其中的培养基组成成分是：50 mmol · L^{-1} pH 为 7.0 的磷酸盐缓冲液、1000 mg · L^{-1} 的乙酸钠、0.43 mL 的常量元素和 0.43 mL 的微量元素。

与 MFC 相连的光电催化反硝化反应器所制备的 TiO$_2$ 电极或 Ag-TiO$_2$ 电极与一块同样大小的碳纸分别作为光催化反应器的光阳极和阴极，被相互平行地垂直放置在光催化反应器两端，MFC 的 ERB 阳极和光电催化反应器的光阳极相连，而 MFC 的空气阴极与光电催化反应器的阴极相连。光电催化反应器中加入 0.01 mol · L^{-1} 的硝酸钠溶液，研究 MFC 作为外加电源的促进作用。

▷ 第6章

6.2

细菌胞外电子促进光电催化反硝化的过程与机制

6.2.1

光催化反硝化反应

以制备的 TiO_2 碳纸电极作为光催化电极,以 0.6 mL 的甲酸作为空穴捕获剂,考察对光催化反应器中 0.01 mol·L^{-1} 的硝酸钠的反硝化效果。实验开始前和甲酸完全消耗后的光催化反应器中溶液的离子色谱图如图 6.1 所示。图 6.1(a)为光催化反应之前的谱图,其中 4.5 min 附近的峰为甲酸的峰,8.5 min

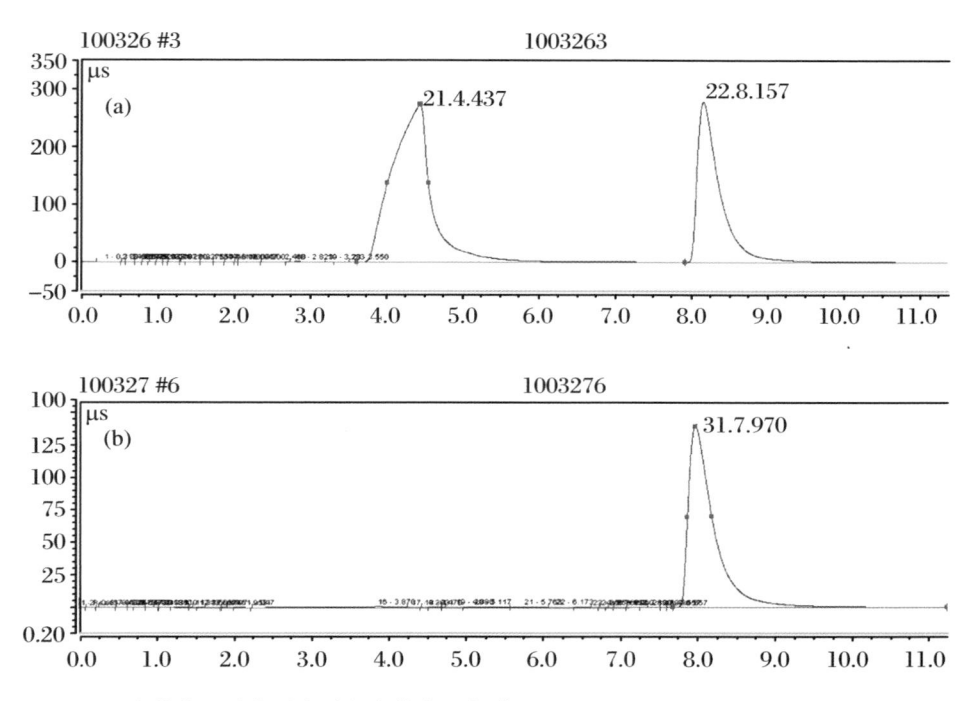

图 6.1　光催化反硝化反应过程中的离子色谱图

（a）光催化反硝化反应前；（b）光催化反硝化反应后

附近的峰为硝酸根的峰。随着反应的进行，当甲酸完全消耗之后[图 6.1(b)]，溶液中硝酸根的峰面积约降低为未反应时的一半，即甲酸的消耗伴随着硝酸根的浓度降低。在亚硝酸根保留时间为 6.5 min 附近并没有明显的峰产生，故此反硝化反应过程无亚硝酸根产生，而是以氮气为主要产物。

甲酸作为此反应中的空穴捕获剂，会优先和 TiO_2 被激发后产生的光生空穴发生反应[反应式(6-1)]，而由于甲酸的加入使溶液呈酸性，故在酸性条件下 TiO_2 表面会带正电，如反应式(6-2)所示，此时硝酸根能在 TiO_2 表面吸附，由于光生空穴被甲酸所消耗，剩余的具有还原性的光生电子就能直接还原吸附在催化剂表面的硝酸根，这就是在空穴捕获剂存在条件下硝酸根被还原的过程。[11]

$$2HCOO^- + h^+ \longrightarrow H^+ + CO_2 + CO_2 \cdot^- \qquad (6\text{-}1)$$

$$TiOH + H^+ \longrightarrow TiOH_2^+ \qquad (6\text{-}2)$$

负载的 TiO_2 整体呈现蜂窝状结构[图 6.2(a)]，增大了电极上面负载 TiO_2 层的比表面积，增加了在光催化过程中光催化剂接受光照的面积及与反应溶液的接触面积，进而提高了其光电催化性能，且电极上的 TiO_2 负载后仍保持原来 P25 的光电催化性能。[12]因此，实验所用 TiO_2 碳纸电极保持了光催化剂原有的光催化性能，且为具有较大比表面积的蜂窝状多孔结构。在 0.6 mL 的甲酸和 $0.01 \, mol \cdot L^{-1}$ 的硝酸根的条件下，此 TiO_2 碳纸电极的光催化反硝化效果如图 6.2(b)所示。随着反应时间的增加，硝酸根浓度基本呈直线下降，即在此条件下光催化反硝化反应可看作零级反应，在空穴捕获剂甲酸量足够的情况下，硝酸根浓度的降低和反应时间呈简单的线性关系。对于此单纯的 TiO_2 碳纸电极，在没有外加电压和电极改性的情况下，其光催化反硝化速率为 (7.59 ± 0.16) $mg \cdot L^{-1} \cdot h$。

通过上述实验结果表明，在紫外光激发和空穴捕获剂存在的条件下，所构建的光催化反硝化体系可以实现硝酸根的选择性还原，但反应速度有待进一步提高。当然，如果没有空穴捕获剂且氮氧气体充足，那么纳米 TiO_2 可能会选择性地将氮气光催化氧化成硝酸盐。

▷ 第6章

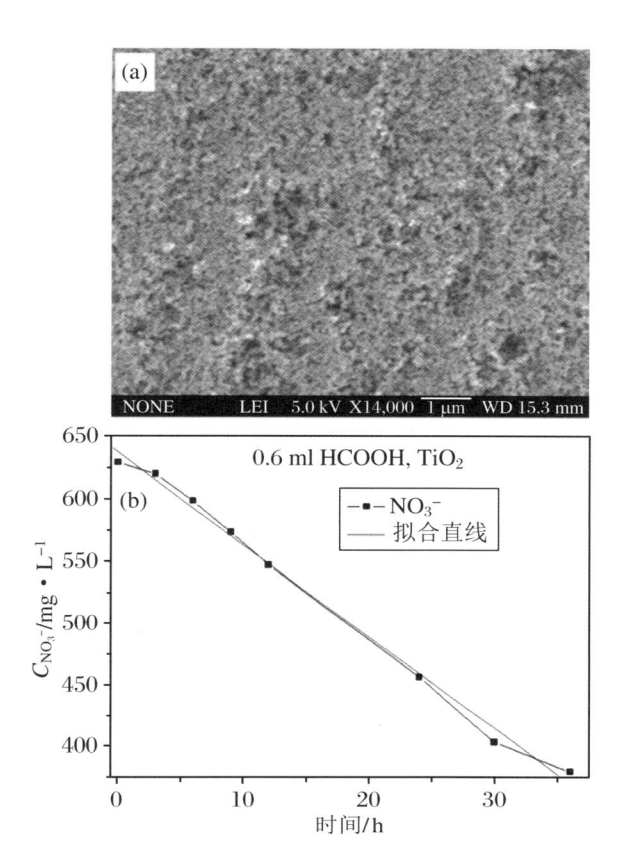

图 6.2　TiO₂ 碳纸电极的形貌和光谱化反硝化性能

（a）负载了 TiO₂ 碳纸电极的 SEM 照片；（b）TiO₂ 碳纸电极在 0.6 mL 甲酸和 0.01 mol·L⁻¹ 硝酸根条件下的光催化反硝化反应效果和线性拟合图

6.2.2

反应条件对光催化反硝化反应速率的影响

贵金属（如 Ag）具有较低的费米（Fermi）能级，当它们沉积在半导体光催化剂表面相互接触时，光生电子将从能级高的半导体导带转移到能级较低的贵金属表面，从而实现光生电子和光生空穴的分离，提高半导体光催化剂的催化效率。[11,13]前面的实验结果也表明，Ag 沉积能提高光催化和光电催化条件下的氮光固定化速率，对于此光催化反硝化反应，期待 Ag 沉积能达到同样的效果。Ag 沉积的主要目的是实现光生电子和光生空穴的分离，但是当 Ag 沉积在 TiO₂ 表

▷ 细菌胞外电子促进光电催化反硝化

面时,不可避免地会降低 TiO_2 表面接受的紫外光量,从而降低光催化反应中光生电子和光生空穴的基数,不利于光催化反硝化的进行。

为了确定 Ag 沉积量的最佳值,通过改变沉积前体的浓度来改变 Ag 沉积的量,采用的不同沉积前体的浓度如表 6.1 所示,当 Ag 沉积过程结束后所得到的 $Ag-TiO_2$ 电极外观呈棕褐色,且颜色随着沉积前体浓度的增加也相应加深,即 TiO_2 光催化剂表面沉积的 Ag 量逐渐增加。将制备的 $Ag-TiO_2$ 电极在 6 mL、98%甲酸加入 150 mL、0.01 mol · L^{-1} 的硝酸钠的反应体系中进行光催化反硝化实验,以评估不同 Ag 沉积量的 $Ag-TiO_2$ 光催化电极的性能。典型反应过程中的硝酸盐浓度变化和不同 Ag 沉积量电极的反硝化速率对比如图 6.3(a)和图 6.3(b)所示。随着 Ag 沉积量的增加,其在反硝化反应中所引起的硝酸盐浓度降低速率先增大再减小,标号为 $1.5Ag-TiO_2$ 的电极在 24 h 内反硝化效果就好于 $1Ag-TiO_2$ 和 $2Ag-TiO_2$ 电极在 30 h 后的反硝化效果。即对 Ag 沉积来说,随着前体浓度的增加,得到的 $Ag-TiO_2$ 电极的反硝化效率呈先增加后减小的趋势。如图6.3(b)所示,相对于单纯的 TiO_2 电极,标号为 $1Ag-TiO_2$ 电极的反硝化速率提高了 13.7%,$1.5Ag-TiO_2$ 电极提高了 41.2%,但 $2Ag-TiO_2$ 电极的反硝化速率反而降低了 15.4%。

表 6.1 不同 $Ag-TiO_2$ 电极的前体浓度

$Ag-TiO_2$ 电极	$AgNO_3$ 溶液浓度/ $(10^{-2}$ mmol · $L^{-1})$	NaCl 溶液浓度/ $(10^{-2}$ mmol · $L^{-1})$
$1Ag-TiO_2$	7.65	7.83
$1.5Ag-TiO_2$	11.48	11.75
$2Ag-TiO_2$	15.3	15.66

根据报道,对混合体系来说,催化剂的形貌等几何因素对体系的催化性能并无影响[13-14],因此,对 $Ag-TiO_2$ 光催化电极来说,Ag 的负载量是其光催化性能的主要决定因素。Ag 在 TiO_2 半导体光催化剂表面起到了富集光生电子,从而抑制光生电子和光生空穴再复合的作用;当 Ag 在 TiO_2 半导体光催化剂表面的量小于最佳值时,其对光生电子的富集捕获效果大于其对 TiO_2 表面吸收紫外光的减弱效果;而当 Ag 在 TiO_2 表面的量大于最佳值时,一方面由于沉积的 Ag 彼此间距离的减小,使得光生电子和光生空穴越过势垒重新复合的概率增加,另一方面也限制了 TiO_2 表面对紫外光的吸收,减少了光生电子和光生空穴的基数,从而导致其光催化反硝化效果低于单纯的 TiO_2 电极。[14-15]

我们以得到的最佳 Ag 沉积量的 $1.5Ag-TiO_2$ 光催化电极和 150 mL、0.01

▷ 第6章

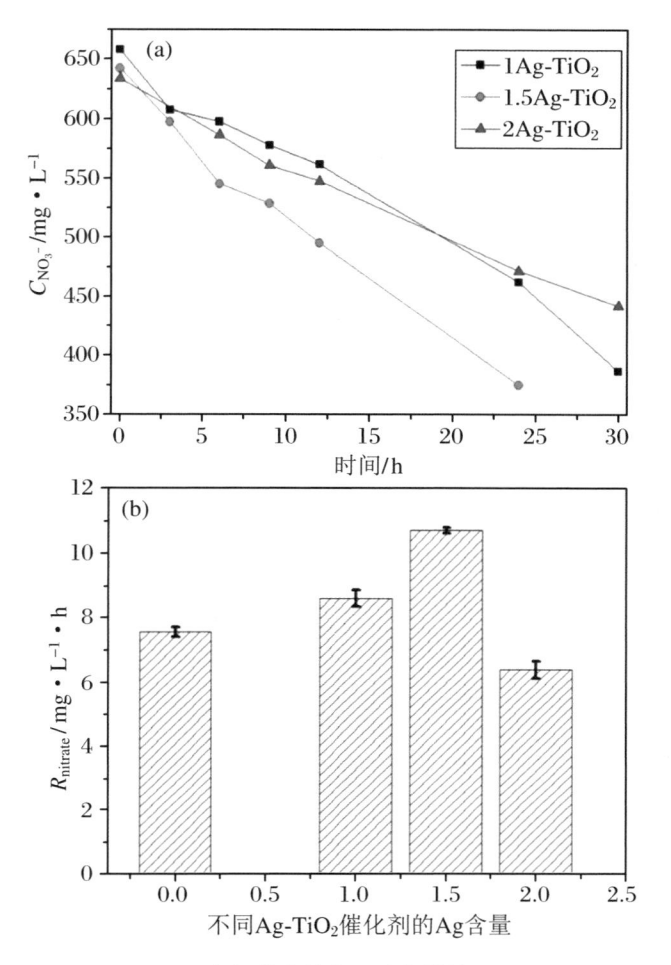

图 6.3　Ag-TiO$_2$ 电极的光催化反硝化性能

（a）不同 Ag 沉积量时典型的光催化反硝化反应中硝酸根浓度变化图；（b）单纯 TiO$_2$ 和不同 Ag 沉积量的 Ag-TiO$_2$ 电极的光催化反硝化速率

mol·L^{-1}的硝酸钠作为固定体系，分别加入相同量的不同空穴捕获剂甲酸、甲酸钠、甲醇、EDTA 来评价不同空穴捕获剂的性能，得到的结果如图 6.4 所示。当加入的空穴捕获剂的量相同时，甲酸效果最好，能得到最大的反硝化速率；甲酸钠次之，比用甲醇和 EDTA 的反硝化速率大 1～2 倍。分析其原因可能有两方面：一方面如前所述，甲酸的加入使 TiO$_2$ 表面带正电荷，如反应式（6-2）所示，增加了其对硝酸根的吸附，进而提高了光生电子和硝酸根发生反应的概率；另一方面，甲酸和光生空穴反应所生成的 CO$_2$·$^-$基团［反应式（6-1）］具有很强的还原电势［$E^{\circ}(CO_2/CO_2·^-) = -1.8$ V$^{[16-17]}$，相对于 $E^{\circ}(NO_3^-/N_2) = 1.25$ V，$E^{\circ}(NO_3^-/NO_2^-) = 0.94$ V 和 $E^{\circ}(NO_2^-/N_2) = 1.45$ V］，它一样可以实现反硝化

▷ 细菌胞外电子促进光电催化反硝化

反应。因此，无论是甲酸还是甲酸钠作为空穴捕获剂，相对于其他空穴捕获剂均有很高的光催化反硝化速率。此体系中的硝酸根还原方式有

$$2NO_3^- + 12H^+ + 10e^- \longrightarrow N_2 + 6H_2O \tag{6-3}$$

$$2NO_3^- + 12H^+ + 10CO_2 \cdot^- \longrightarrow N_2 + 6H_2O + 12CO_2 \tag{6-4}$$

当甲醇和 EDTA 作为空穴捕获剂的时候，则只有反应式(6-3)的作用，所以光催化反硝化速率仅为甲酸的 $\frac{1}{4} \sim \frac{1}{3}$。

当然，当甲酸为空穴捕获剂时，其反硝化速率也不是一成不变的。如图 6.4 所示，在一定条件下甲酸浓度也存在一个最优值，这可能是由于带负电荷的甲酸根和硝酸根在酸性条件下在带正电荷的 TiO_2 表面竞争吸附的结果。当甲酸根浓度低于最佳值时，甲酸根的吸附可以增大其空穴捕获概率和 $CO_2 \cdot^-$ 基团的生成；而当甲酸根浓度大于最佳值时，则阻碍了硝酸根在 TiO_2 催化剂的吸附和反应。

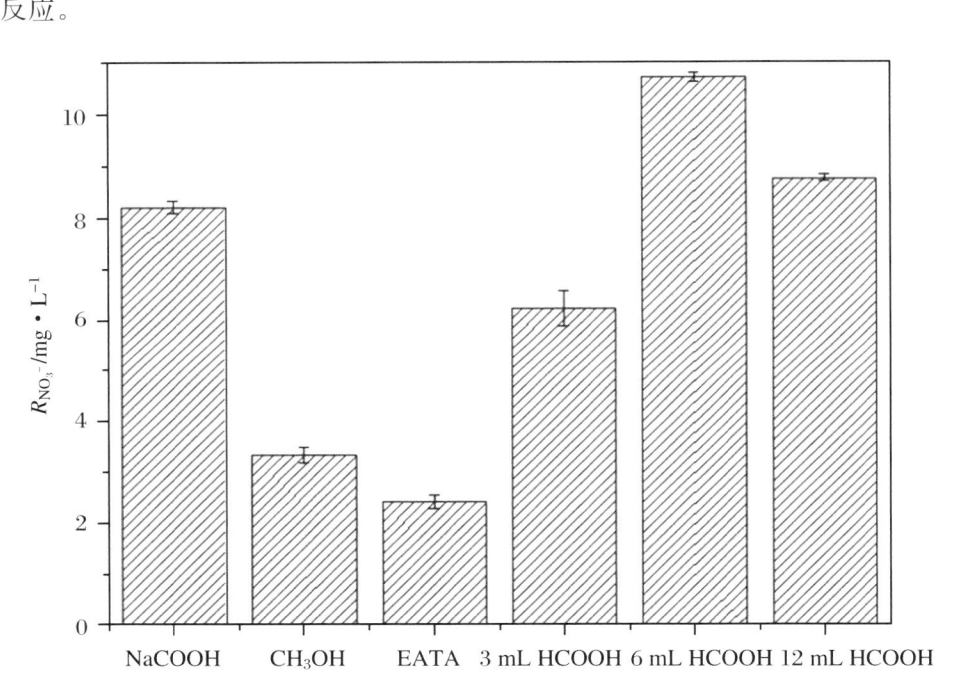

图 6.4　使用不同空穴捕获剂时的光催化反硝化效果

通过上述实验，确定了在此实验条件下得到最大反硝化速率所需要的 Ag 沉积量和所用的空穴捕获剂的种类和数量，从而为研究 ERB 胞外电子做空穴捕获剂的实验确定了基本条件。

119

6.2.3

细菌胞外电子作为外加电子源的作用和原理

以 MFC 为外加电源的光电催化氧化反应,是利用 ERB 所产生的部分质子消耗 TiO_2 表面所产生的光生电子,并把 ERB 所产生的胞外电子用 TiO_2 所产生的光生空穴在其表面反应过程中所生成的质子消耗掉,从而降低 TiO_2 的光生电子和光生空穴的复合率,提高光生空穴的寿命,进而增加其氧化反应的速率。而对于本章所讨论的光电催化还原硝酸盐的反硝化反应,其反应体系中起作用的是具有还原性的光生电子。因此,为了提高反应的效率必须增加光生电子的寿命,相应地,必须设法消灭光生空穴。如前面实验结果所示,加入空穴捕获剂是一种有效的方法,但这无形中会提高光催化反硝化的成本,并可能造成二次污染。对 ERB 来说,其在代谢过程中所产生的电子是可以通过胞外电子传递过程传导给胞外固体电子受体的[18-19],在第 3 章所述的工作中,我们也证实了 ERB 和 WO_3 电致变色纳米材料之间的界面电子传递,而在随后的第 4 章和第 5 章所述的工作中,则是把 ERB 所产生的电子传递给碳纸电极,然后通过 MFC 的形式和 TiO_2 之间形成间接的电子传递。

为了探索 ERB 所产生的胞外电子是否可用在此体系中代替空穴捕获剂,我们将 MFC 的 ERB 阳极和光催化反硝化反应器的 TiO_2 光电极通过导线连接起来,这样 ERB 所产生的胞外电子在传递给碳纸电极后,会随着电路直接传递到 TiO_2 光电极的表面,这些电子和光生空穴反应后,TiO_2 光电极会有还原性光生电子存在,光生电子会和电极表面的硝酸根发生还原反应。因此,如果在没有外加空穴捕获剂的条件下,体系中的硝酸根浓度减小,就证明此体系中 ERB 所产生的胞外电子可以传递到 TiO_2 光电极的表面,并起到空穴捕获剂的作用。

在没有空穴捕获剂的情况下,$0.01 \ mol \cdot L^{-1}$ 的硝酸钠溶液体系中分别用 TiO_2 光电极和 $1.5Ag\text{-}TiO_2$ 光催化电极进行实验,随着 MFC 和光催化反硝化体系连接时间的增加,体系中硝酸根的浓度变化如图 6.5(a)所示。在有 MFC 连接的情况下,虽然没有外加空穴捕获剂的存在,但是体系中硝酸根的浓度仍然持续降低;而当没有紫外光照的时候,也即单纯的电化学体系中,硝酸根的浓度则几乎无变化。这个现象验证了我们的推断,即在此光电催化反硝化体系中 ERB 所产生的胞外电子也可以通过电路传递到 TiO_2 光催化剂表面,并起到空穴捕获剂的作用。

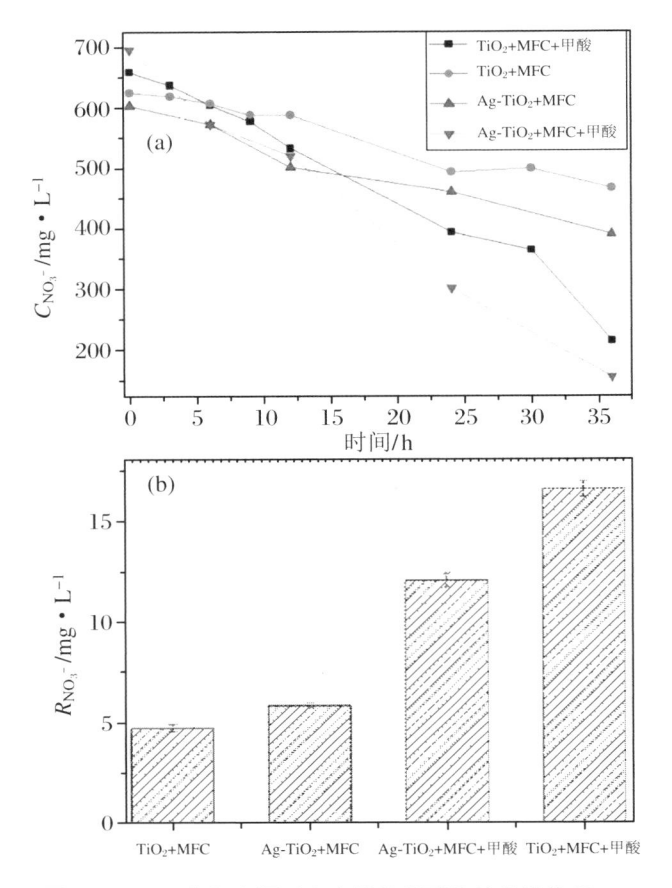

图 6.5　MFC 外加电源对光电催化反硝化的促进作用

(a) MFC 作为外加电源时不同条件下典型光电催化反硝化反应中硝酸根浓度变化图;(b) 不同条件下相应的光电催化反硝化速率

当此体系中既有 MFC 外加电源又有空穴捕获剂时,体系中硝酸根的浓度减少速度最快。如图 6.5(a) 和图 6.5(b) 所示,使用 TiO$_2$ 光催化电极和 MFC 在没有外加甲酸空穴捕获剂时,硝酸根减少速度相对较慢,但是也较甲醇和 EDTA 作为空穴捕获剂的 1.5Ag-TiO$_2$ 光催化电极时快。当使用 1.5Ag-TiO$_2$ 光催化电极和 MFC 且没有外加甲酸空穴捕获剂时,硝酸根的减少速度加快,较相同条件下 TiO$_2$ 光催化电极快了 23.9%。随着空穴捕获剂甲酸的加入,体系的硝酸根减少速度均显著加快,其中使用 TiO$_2$ 光催化电极时增加了 154.55%,使用 1.5Ag-TiO$_2$ 光催化电极时增加了 182.42%。不过,既有 MFC 又有空穴捕获剂时的反硝化速率,基本等于或略小于单独的 MFC 和单独的空穴捕获剂时的反硝化速率之和,即它们对光生空穴的捕获效果可能是简单的相互叠加或者竞争关系。

当体系中只有 MFC 作为外加电源而没有空穴捕获剂时,ERB 所产生的胞外电子可以通过电路传递到 TiO_2 光催化电极的表面,起到空穴捕获剂的作用;当体系没有紫外光照射,只是单纯的电解质体系时,电流较小;随着紫外光的照射,由于光生空穴和光生电子的产生,ERB 的胞外电子作为空穴捕获剂与光生空穴发生反应,剩余的光生电子与电极表面大量吸附的硝酸根发生反硝化反应,该体系中电流随着紫外光的照射而增加,随着紫外光的消失而减小[图 6.6(a)和图 6.6(b)]。

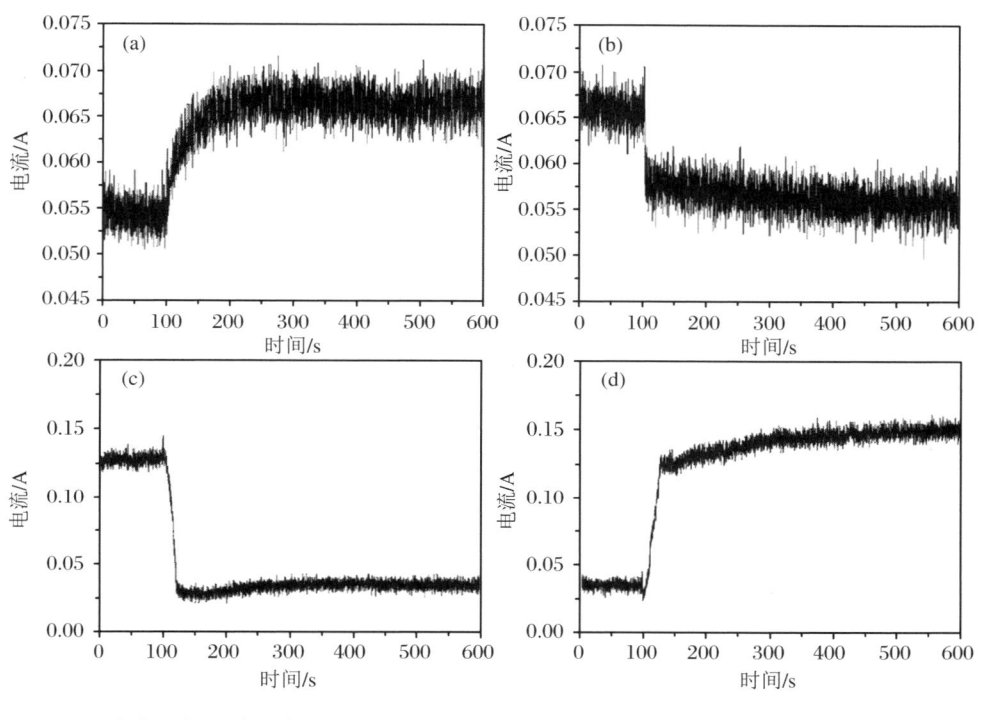

图 6.6　光电催化反硝化体系中电流对紫外光的响应

(a) 无空穴捕获剂时加紫外光;(b) 无空穴捕获剂时关紫外光;(c) 有空穴捕获剂时加紫外光;(d) 有空穴捕获剂时关紫外光

　　当此体系中既有 MFC 外加电源又有空穴捕获剂时,随着紫外光的照射,空穴捕获剂会和光生空穴反应,此时光电极上会有光生电子的剩余;这些剩余的光生电子一边会和硝酸根发生反硝化反应,一边又会抑制 ERB 的胞外电子向光电极上传递;为了维持体系内部电荷的平衡,随着紫外光的照射,体系中的电流反而减小。同理,随着紫外光的消失,体系中的电流增加,如图 6.6(c)和图 6.6(d)所示。这也验证了上面所得到的结论:有 MFC 又有空穴捕获剂时,反硝化速率基本等于或略小于单独的 MFC 和单独的空穴捕获剂时的反硝化速率之和,它们对光生空穴的捕获效果可能是相互叠加或者竞争的关系。

　　对于有空穴捕获剂的情况,由于空穴捕获剂的加入,光催化反硝化反应器的

▷ 细菌胞外电子促进光电催化反硝化

离子强度增加,故在没有紫外光时体系中的电流也相应地大于没有空穴捕获剂时的电流。而且由于有空穴捕获剂时反硝化速度较快,即消耗的光生电子较多,所以随着紫外光的照射,其体系中的电流变化也较没有空穴捕获剂时大,这些推论均可以从图 6.6 中得到验证。

光电催化反硝化体系的反应机理如图 6.7 所示。ERB 产生的胞外电子通过 MFC 阳极和外电路传至光催化剂表面和光生空穴复合,光催化剂表面剩余的还原性光生电子会和体系中的硝酸根反应[反应式(6-3)],将硝酸根还原成 N_2 等产物;光催化体系的阴极则发生水的分解反应,产生的电子通过电路与在 MFC 的空气阴极和 ERB 代谢活动中产生的质子发生氧还原反应,保持了 MFC 和光催化反硝化体系的电荷平衡。

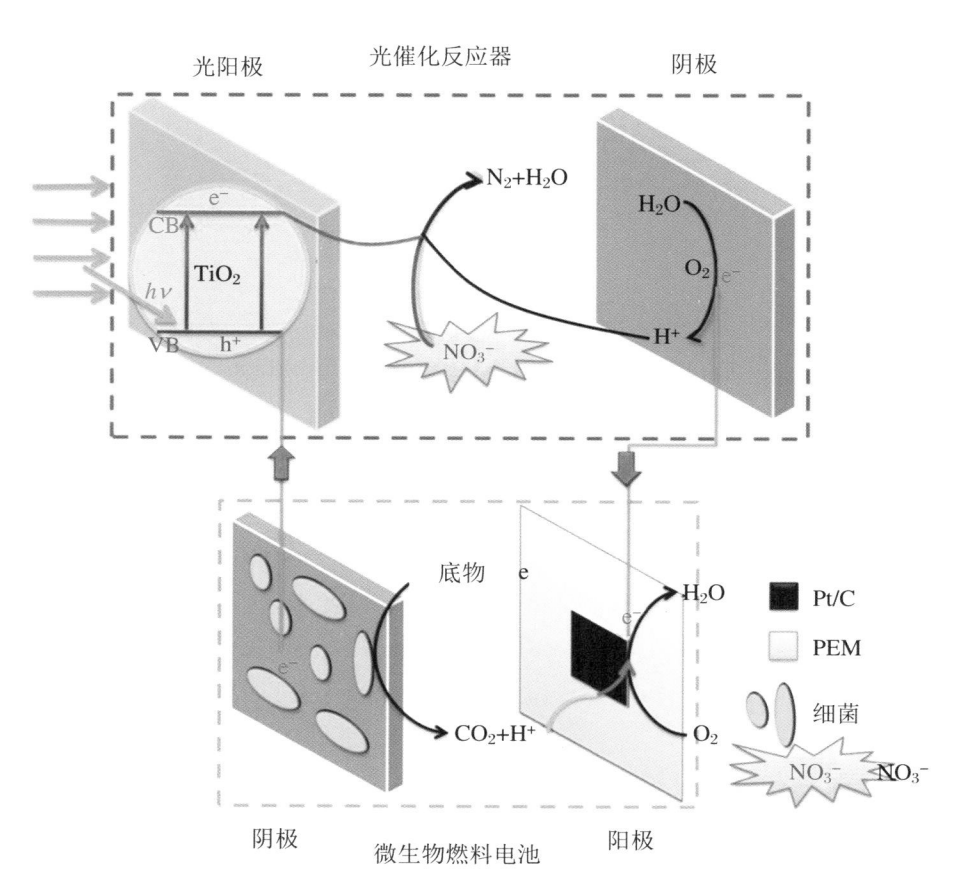

图 6.7 ERB 所产生的电子作为空穴捕获剂时的光催化反硝化机理图[20-22]

需要特别指出的是,在此反硝化体系中,由于不像第 5 章所述体系一直有氧气曝气的存在,光催化过程中所产生的光生电子会和 TiO_2 表面大量吸附的高浓度硝酸根优先反应,而不是如第 5 章所述那样优先和大量吸附的氧分子发生作用。因此,虽然在第 4 章和本章所述的工作中,都是 ERB 传递到 TiO_2 表面的电

123

子起到空穴捕获剂的作用,但是剩余的光生电子所优先发生的反应是完全不同的。在此光电催化反硝化体系中,ERB 也能够把电子传递给 TiO_2 表面起到空穴捕获剂的作用,并且通过对比当 ERB 所传递的电子和空穴捕获剂同时存在时的光电催化反硝化速率,证实它们对光生空穴的捕获效果可能是相互叠加或者竞争的关系。

在本章中,我们通过描述不同 Ag 沉积量的电极改性和添加各种空穴捕获剂的方法,研究了不同反应条件对光催化反硝化体系的影响,通过 MFC 作为外加电源的光电催化反硝化实验证实了在该体系中 ERB 也能够把电子传递给 TiO_2 表面而起到空穴捕获剂的作用,比较了当 ERB 所传递的电子与空穴捕获剂同时和各自单独存在时的光电催化反硝化速率。研究结果表明,它们对光生空穴的捕获效果可能是相互叠加或者竞争的关系。这为在不添加空穴捕获剂时实现光电催化反硝化实验提供了依据。由于 ERB 和 MFC 在能源和资源领域的潜力,这种光电催化反硝化方法具有实际应用的潜力。

参考文献

[1] Mallik A,Li Y,Wiedenbeck M. Nitrogen evolution within the earth's atmosphere-mantle system assessed by recycling in subduction zones [J]. Earth and Planetary Science Letters,2018(482):556-566.

[2] Garcia-Segura S,Lanzarini-Lopes M,Hristovski K,et al. Electrocatalytic reduction of nitrate:fundamentals to full-scale water treatment applications [J]. Applied Catalysis B:Environmental,2018(236):546-568.

[3] Xu D,Li Y,Yin L,et al. Electrochemical removal of nitrate in industrial wastewater [J]. Frontiers of Environmental Science & Engineering,2018 (12):9.

[4] Ma W J,Li G F,Huang B C,et al. Advances and challenges of mainstream nitrogen removal from municipal wastewater with anammox-based processes [J]. Water Environment Research,2020(92):1899-1909.

[5] Guo S,Heck K,Kasiraju S,et al. Insights into nitrate reduction over indium-decorated palladium nanoparticle catalysts [J]. ACS Catalsis,2018(8):503-515.

[6] Garcia-Segura S,Lanzarini-Lopes M,Hristovski K,et al. Electrocatalytic reduction of nitrate:fundamentals to full-scale water treatment applications

[J]. Applied Catalysis B: Environmental, 2018(236): 546-568.

[7] Gayen P, Spataro J, Avasarala S, et al. Electrocatalytic reduction of nitrate using magneli phase TiO_2 reactive electrochemical membranes doped with Pd-based catalysts [J]. Environmental Science & Technology, 2018(52): 9370-9379.

[8] Gao J N, Jiang B, Ni C C, et al. Non-precious Co_3O_4-TiO_2/Ti cathode based electrocatalytic nitrate reduction: preparation, performance and mechanism [J]. Applied Catalysis B: Environmental, 2019(254): 391-402.

[9] Shaban Y A, El Maradny A A, Kh R, et al. Photocatalytic reduction of nitrate in seawater using C/TiO_2 nanoparticles [J]. Journal of Photochemistry and Photobiology A: Chemistry, 2016(328): 114-121.

[10] Jia Y, Ye L, Kang X, et al. Photoelectrocatalytic reduction of perchlorate in aqueous solutions over Ag doped TiO_2 nanotube arrays [J]. Journal of Photochemistry and Photobiology A: Chemistry, 2016(328): 225-232.

[11] Krasae N, Wantala K. Enhanced nitrogen selectivity for nitrate reduction on Cu-nZVI by TiO_2 photocatalysts under UV irradiation [J]. Applied Surface Science, 2016(380): 309-317.

[12] Freire J M A, Matos M A F, Abreu D S, et al. Nitrate photocatalytic reduction on TiO_2: metal loaded, synthesis and anions effect [J]. Journal of Environmental Chemical Engineering, 2020(8): 103844.

[13] Caswell T, Dlamini M W, Miedziak P J, et al. Enhancement in the rate of nitrate degradation on Au- and Ag-decorated TiO_2 photocatalysts [J]. Catalysis Science & Technology, 2020(10): 2082-2091.

[14] Wang B, An B, Liu Y, et al. Selective reduction of nitrate into nitrogen at neutral pH range by iron/copper bimetal coupled with formate/ferric ion and ultraviolet radiation [J]. Separation and Purification Technology, 2020 (248): 117061.

[15] Zazo J A, García-Muñoz P, Pliego G, et al. Selective reduction of nitrate to N_2 using ilmenite as a low cost photo-catalyst [J]. Applied Catalysis B: Environmental, 2020(237): 118930.

[16] Chen J, Liu J, Zhou J, et al. Reductive removal of nitrate by carbon dioxide radical with high product selectivity to form N_2 in a UV/H_2O_2/HCOOH system [J]. Journal of Water Process Engineering, 2020(33): 101097.

[17] Sun M, Wang X, Chen Z, et al. Stabilized oxygen vacancies over hetero-

junction for highly efficient and exceptionally durable VOCs photocatalytic degradation [J]. Applied Catalysis B: Environmental, 2020(273): 119061.

[18] Logan B E, Rossi R, Ragab A, et al. Electroactive microorganisms in bioelectrochemical systems [J]. Nature Reviews Microbiology, 2019(17): 307-319.

[19] Santoro C, Arbizzani C, Erable B, et al. Microbial fuel cells: from fundamentals to applications: a review [J]. Journal of Power Sources, 2017(356): 225-244.

[20] Gao Y, Mohammadifar M, Choi S. From microbial fuel cells to biobatteries: moving toward on-demand micropower generation for small-scale single-use applications [J]. Advanced Materials Technologies, 2019(4): 1900079.

[21] Bagchi S, Behera M. Assessment of heavy metal removal in different bioelectrochemical systems: a review [J]. Journal of Hazardous Toxic and Radioactive Waste, 2020(24): 4020010.

[22] Reguera G. Harnessing the power of microbial nanowires [J]. Microbial Biotechnology, 2018(11): 979-994.